Helmut Gerresheim

BOEING

Helmut Gerresheim

BOEING

Die Modell- und Typengeschichte
Alle Flugzeuge seit 1916

Motor
buch
Verlag

Einbandgestaltung: Katja Draenert unter Verwendung von Aufnahmen aus den Archiven von Boeing, der Deutschen Lufthansa und des Verfassers.

ISBN 3-613-02142-0

1. Auflage 2001
Copyright © by Motorbuch Verlag, Postfach 103743 D-70032 Stuttgart.
Ein Unternehmen der Paul Pietsch Verlage GmbH & Co.

Lektor: Hartmut Lange M.A.
Innengestaltung: Viktor Stern
Scans: digi bild reinhardt, 73037 Göppingen
Druck: Bosch, 84030 Ergolding
Bindung: Conzella, 84347 Pfarrkirchen
Printed in Germany

Inhalt

1. Einleitung

Ein Name als Symbol

Der Traum vom Fliegen hat für unzählige Passagiere und Piloten einen Namen – Boeing.

Immer wieder prägten die Flugzeuge dieses Herstellers das Bild zukünftiger Airliner-Generationen, von der 247 bis zur 707 und der 747. Wie kein anderer Name steht »Boeing« heute als Synonym für den modernen Luftverkehr. Und immer wieder setzten die Flugzeuge aus Seattle neue Maßstäbe: Die luxuriösen Clipper-Flugboote und Stratocruiser standen für einen bis heute unerreichten Komfort, der an die Zeiten der legendären Passagierschiffe erinnert. Die 707 wird wohl für alle Zeiten als *der* Jet-Airliner gelten und die Boeing 747 gilt als Synonym für den Großraumjet. Es war ein weiter Weg von der Zeit, als eine Durchquerung der USA noch mehr als 24 Stunden dauerte bis zu einer Epoche, in der man vormittags in Deutschland in ein Flugzeug steigt, um noch am späten Nachmittag desselben Tages in Seattle an der Westküste Nordamerikas auszusteigen.

Diese fiktive Reise endet nicht zufällig in Seattle, denn diese Stadt *ist* Boeing. Überall verstreut im Stadtgebiet finden sich Gebäude mit dem einprägsamen Boeing-Logo, kaum eine lokale Nachrichtensendung oder Tageszeitung ohne eine Nachricht vom mit Abstand größten Arbeitgeber der Stadt. Allein im Bundesstaat Washington beschäftigt Boeing 80.000 Mitarbeiter.

Auch als Fluglinie gab das Unternehmen in den 20er- und 30er-Jahren wertvolle Impulse für die Entwicklung. *Boeing Air Transport* (B.A.T.) flog die erste internationale Luftpost und die ersten planmäßigen Passagierflüge über Nacht. Als Erster rüstete Boeing seine Flugzeuge mit Radios aus, die senden und empfangen konnten, und schickte als erster Stewardessen mit auf die Reise. Und

■ **Mehr als ein halbes Jahrhundert Geschichte der Zivilluftfahrt auf einem Bild: Die letzte flugfähige Boeing 247 und die erste Boeing 777 gemeinsam auf dem Vorfeld von Boeing Field.** *Foto: Boeing*

schließlich ging aus B.A.T. die heute größte amerikanische Fluggesellschaft, United Airlines, hervor.

Natürlich gibt es auch andere Unternehmen, die Wichtiges für die Entwicklung der Zivilluftfahrt geleistet haben. Wer kennt sie nicht, die legendären *Douglas DC-3*, *Lockheed Super Constellation*, die *Sud Aviation Caravelle* oder die *De Havilland Comet*, die alle ihren unverzichtbaren Beitrag dazu geleistet haben, dass heute Tag für Tag Millionen Menschen ganz selbstverständlich das Flugzeug als Verkehrsmittel nutzen. Doch letztendlich waren es zwei Firmen, die in der Luftfahrt die wichtigsten Meilensteine setzten: Douglas – seit 1997 selbst Teil von Boeing – und die Firma Boeing selbst.

Ein vielseitiges Unternehmen

Doch der Name »Boeing« steht nicht nur für Jumbo-Jets und die Anfänge der Verkehrsluftfahrt in den USA, sondern auch für die gefürchteten Langstreckenbomber des Zweiten Weltkrieges sowie – weit weniger bekannt – für einen wichtigen Anteil am Apollo-Mondprogramm der NASA Ende der 60er-Jahre. Innerhalb von gut acht Jahrzehnten hat sich aus einem kleinen Schuppen am Rande des Lake Union in Seattle ein weltweit tätiger Konzern entwickelt, der im Laufe seiner Geschichte neben Flugzeugen auch Energie- und Computertechnik, Tragflügelboote und Nahverkehrssysteme konzipiert und gebaut hat. Unter den Firmen in den USA steht Boeing heute, was den Export angeht, an einer der führenden Stellen, und noch immer leisten Flugzeuge den bedeutendsten Beitrag zu dieser positiven Bilanz. Seit das erste Boeing-Flugzeug, der Doppeldecker B&W, im Jahr 1916 zum ersten Mal flog, verließen weit mehr als 30.000 Flugzeuge die Werkhallen von Boeing. Die Geschichte der Firma reflektiert nicht nur die Entwicklung der Luftfahrt von zerbrechlichen Doppeldeckern zum Jumbo-Jet. Sie spiegelt auch die Entwicklung einer ganzen Industrie wider, die einen weiten Bogen spannt von Enthusiasmus und privatem Unternehmergeist über den Patriotismus der beiden Weltkriege und den unbeschwerten Fortschrittsglauben der 50er- und 60er-Jahre bis zu den rein wirtschaftlichen Überlegungen der Gegenwart. Bis heute hat jede dieser Epochen ihre Spuren in diesem Unternehmen hinterlassen.

Mehr als einmal haben die oft zu Unrecht als konservativ eingeschätzten Manager von Boeing die ganze Firma für ein neues Produkt aufs Spiel gesetzt.

Auch deutsche Fluggesellschaften spielten immer wieder eine wichtige Rolle für die Entwicklung und den Erfolg von Boeing-Airlinern. So war die Deutsche Lufthansa der erste Kunde für die

B.737 und erster europäischer Betreiber der 727 und 747; auch die 707 setzte man als dritter Betreiber in Europa ein. Hapag-Lloyd und Condor sind Erstkunden für die B.737-800 beziehungsweise 757-300.

Boeing ist nicht, und war auch nie, allein am Himmel. Doch trotz aller Konkurrenz von Airbus bestimmen die Jets von Boeing nach

■ **Das meistgetestete Verkehrsflugzeug der Luftfahrtgeschichte –
Boeings »Triple Seven«.** *Foto: Boeing*

wie vor das Bild auf den großen Flughäfen der Welt, von Sydney
bis New York und von London bis Tokio.

Dieses Buch kann und will keine vollständige Abhandlung über alle Boeing-Flugzeuge sein – sie würde Bände füllen. Außerdem gibt
es zu diesem Thema bereits einige hervorragende Bücher, die diesen Bereich weit vollständiger abhandeln. Vielmehr zeichnet dieses Werk anhand wichtiger Meilensteine die Entwicklung eines
Konzerns nach, der immer wieder Luftfahrtgeschichte geschrieben hat.

2. Vom Holzhandel zum Flugzeugbau

Visionen eines Unternehmers

Als William Edward Boeing im Jahr 1931 von der Zeitschrift »Yale Scientific Review« um seine Prognose zur Zukunft der Luftfahrt gebeten wurde, machte er ziemlich präzise Angaben zu Geschwindigkeiten, Passagierzahlen und Möglichkeiten des Antriebs, die im Rückblick den technischen Daten der einige Jahrzehnte später entstandenen Jumbo-Jets und Überschallflugzeuge schon recht nahe kamen. Gleichzeitig formulierte William Boeing in seinem Beitrag die wichtigste Vorgabe für den zukünftige Flugzeugbau: »So kommt es den Flugzeugherstellern zu, weiter auf das Ziel hinzuarbeiten, ein Flugzeug zu bauen, das so viele Passagiere wie möglich mit maximaler Geschwindigkeit und profitabel transportieren kann«. Diese einfachen Worte umreißen präzise die bis heute gültige, gradlinige unternehmerische Philosophie eines der größten Unternehmen der Luftfahrt. Sie beleuchten auch den Pragmatismus, mit dem Boeing und seine Nachfolger die Firma führten und bis heute noch führen.

Als William Edward Boeing am 10. Januar 1891 in Detroit als Sohn des deutschen Einwanderers Wilhelm Böing aus Hohenlimburg und seiner aus Wien stammenden Frau Marie geboren wurde, war

■ Ein Nachbau der »B&W« entstand im Jahr 1966 anlässlich des 50-jährigen Firmenjubiläums und flog auf zahlreichen Flugschauen.
Foto: Museum of Flight

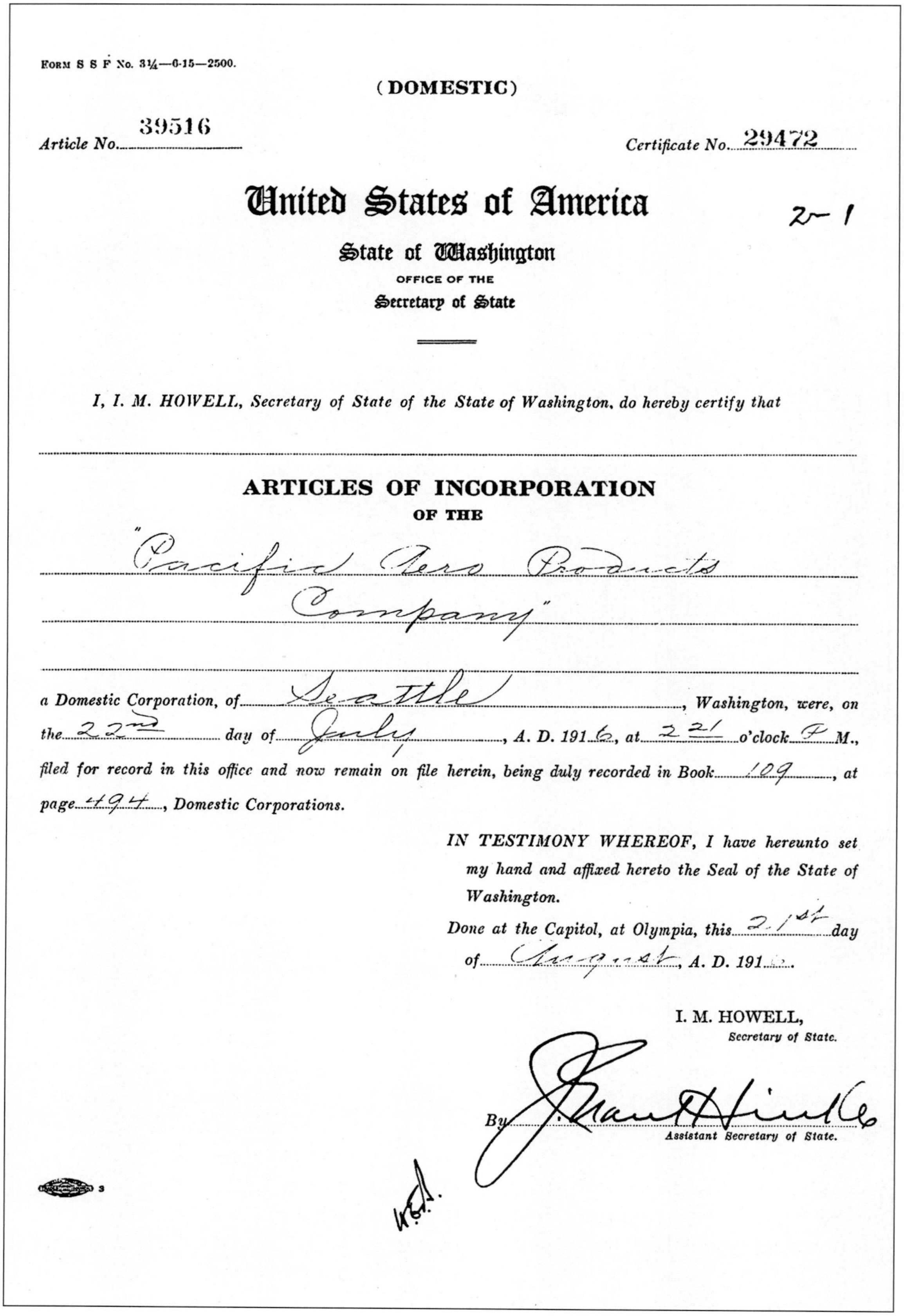

FORM S S F No. 3¼—6-15—2500.

(DOMESTIC)

Article No. 39516

Certificate No. 29472

2-1

United States of America
State of Washington
OFFICE OF THE
Secretary of State

I, I. M. HOWELL, *Secretary of State of the State of Washington, do hereby certify that*

ARTICLES OF INCORPORATION
OF THE

"Pacific Aero Products Company"

a Domestic Corporation, of _Seattle_, Washington, were, on the _22nd_ day of _July_, A. D. 191 6, at _221_ o'clock *P* M., filed for record in this office and now remain on file herein, being duly recorded in Book _109_, at page _494_, Domestic Corporations.

IN TESTIMONY WHEREOF, I have hereunto set my hand and affixed hereto the Seal of the State of Washington.

Done at the Capitol, at Olympia, this _21st_ day of _August_, A. D. 191_.

I. M. HOWELL,
Secretary of State.

By _Frank H. Hinkle_
Assistant Secretary of State.

So begann alles:
Die Registrierungsurkunde
der »Pacific Aero Products
Company«.
Foto: Boeing

die Fliegerei noch kein weltbewegendes Thema. Nach seiner Ausbildung in der Schweiz und den USA verließ er ein Jahr vor seinem Diplom als Ingenieur die *Yale Sheffield Scientific School*, um im waldreichen Nordwesten der USA ins viel versprechende Holzgeschäft einzusteigen. Später erklärte er dazu lapidar: »Ich hatte das Gefühl, dass die Zeit reif war, Holz zu kaufen.« Damit trat er in die Fußstapfen seines früh verstorbenen Vaters. Im Jahr 1908 zog er nach Seattle. Seine Mutter hatte ihm einen ausgeprägten Sinn für Geschäfte und einen Perfektionismus vermittelt, der später helfen sollte, sein Unternehmen erfolgreich auf den Weg zu bringen. Auch war es ein Glücksfall der Luftfahrtgeschichte, dass Boeing aus einer Branche kam, deren häufig wechselndes und oft riskantes wirtschaftliches Umfeld ihm ein gutes Rüstzeug verliehen hatte, um mit den vergleichbaren Geschäftsbedingungen der Luftfahrtindustrie erfolgreich zu agieren. Auch hatte er gelernt, dass es sich durchaus lohnte, unternehmerische Risiken einzugehen.

Das Ereignis, das seinen künftigen Lebensweg wie kein anderes bestimmen sollte, war der Besuch des *First American Air Meet*, das im Januar 1910 auf dem *Dominquez Field* in der Nähe von Los Angeles stattfand. Diese zehntägige Veranstaltung war die erste große Luftfahrtschau in den USA. Die Veranstalter verstanden es damals gut, das Interesse an der Fliegerei zu wecken, denn bei dieser spektakulären Show gab es auch ein Wettfliegen zwischen den Piloten der *Glenn Curtis Company* und dem berühmten französischen Fliegerass Louis Paulhan. Versuche von Boeing, Paulhan zu überreden, ihn auf einem Flug mitzunehmen, waren zwar nicht erfolgreich, aber trotzdem ließ ihn die Faszination der Fliegerei von nun an nicht mehr los. Es sollte jedoch noch fünf Jahre dauern, bis er zum ersten Mal in einem Flugzeug saß und noch ein weiteres Jahr, bis er den Bau seines ersten Flugzeuges in Angriff nahm. Nachdem Boeing am 4. Juli 1915 mit dem Schaupiloten Terah Maroney zum ersten Mal geflogen war, erlernte er im Herbst des-

selben Jahres beim Luftfahrtpionier Glenn Martin in Kalifornien selbst das fliegen. Schon kurz danach war er stolzer Besitzer eines Martin TA Wasserflugzeuges, das er häufig zu Reisen in seine bevorzugten Angelreviere nutzte. Ebenfalls 1915 gründete Boeing in Seattle den *Aero Club of the Northwest*. Im Gegensatz zu vielen seiner Zeitgenossen hatte er einen unerschütterlichen Glauben an die Zukunft und die Möglichkeiten der Fliegerei. Der Flug-Enthusiast sah jedoch auch, dass die bis dahin existierenden Flugzeuge zügig und konsequent weiterentwickelt werden mussten, um mehr zu sein als nur Vehikel für Rundflüge oder spektakuläre Showeinlagen.

Start des Flugzeugbaus

William E. (Bill) Boeing, der Gründer eines der bedeutendsten Luftfahrtkonzerne der Welt.
Foto: Boeing

So war es nur logisch, dass sich William Boeing 1916 mit George Conrad Westerveld zusammentat, einem ehrgeizigen und fähigen Ingenieur der U.S.Marine, der ebenfalls auf der Luftfahrtschau von 1910 von der Begeisterung an der Luftfahrt angesteckt worden war. Endlich sah Boeing eine Möglichkeit, seinen Enthusiasmus für die Luftfahrt in die Tat umzusetzen. Schon während seiner Ausbildung zum Piloten hatte Boeing einmal mit Blick auf das Flugzeug festgestellt: »*Ich glaube, wir könnten ein besseres bauen.*« Außerdem war seine Martin inzwischen zu Bruch gegangen und er suchte dringend Ersatz.

Boeing hatte zunächst spezifiziert, was er wollte. Und erst nachdem Westerveldt nichts passendes fand, entschloss er sich zur Entwicklung der »B&W«. Das Kürzel stand für die Namen der beiden Väter des Flugzeuges.

Westerveldt trug die Hauptlast der Entwicklungsarbeiten und sagte später einmal, dass er nicht gewusst habe, wie viele Probleme damit verbunden seien und sich darum auf dieses Projekt eingelassen hatte.

Schließlich steckte der Flugzeugbau noch in den Kinderschuhen und die einzigen Standards, auf die Westerveldt zurückgreifen konnte, waren die der amerikanischen Marine – für den Bau von Schiffen.

Die Maschine war ein recht konventionelles, auf der Martin TA basierendes, zweisitziges Wasserflugzeug. Damals war es durchaus üblich, auf frühere Entwürfe anderer Konstrukteure zurückzugreifen. Die wichtigsten Veränderungen gegenüber der Martin waren verbesserte Schwimmer und ein stärkerer Motor des Typs Hall-Scott A-5 mit einer Leistung von 125 PS. Die Höchstgeschwindigkeit der B&W betrug gut 125 km/h.

Produktionsstätte war ein Bootshaus am Lake Union in Seattle. Boeing hatte es bereits im Jahr 1915 für ganze zehn Dollar von dem Bootsbauer E.W. Heath erworben, der für ihn eine Luxusyacht bauen sollte. Als dieser nach nur drei Monaten Bauzeit Bankrott ging, übernahm Boeing kurzerhand seine Schulden in Höhe von 10.000 Dollar und eben für den Preis eines guten Maßanzuges das Bootshaus. Es wurde schon bald als »Red Barn« – »Rote Scheune« – bekannt und beherbergte für viele Jahre die Büros für Entwicklung und Administration, während rund um das Gebäude die Fabrikationshallen emporwuchsen. Noch bis 1970 verblieb das Gebäude im Besitz des Unternehmens. Heute ist die »Rote Scheune« übrigens, liebevoll restauriert, Teil des »Museum of Flight« am Rand von Boeing Field in Seattle.

Als die Schiffszimmerleute, Möbelschreiner und Näherinnen noch an der B&W arbeiteten, wurde Westerveldt von der Marine bereits wieder an die Ostküste zurückbeordert. Die B&W blieb sein einziger Entwurf für Boeing. Fortan war er bei Curtiss in Buffalo (New York) als Vertreter der Marine verantwortlich für die Koordination der Herstellung von Transatlantikflugbooten. Im Jahr 1922 wurde er Chef der Flugzeugwerke der U.S. Navy und war maßgeblich am Bau des berühmten Luftschiffes »Shenandoah« beteiligt.

■ **Primitive Anfänge: Das erste Flugzeug von Boeing, die »B&W« wird nach einem frühen Testflug aus dem Wasser gezogen.**
Foto: Boeing

Der Chef fliegt selbst

Die B&W war am 15. Juni 1916 bereit zum Erstflug. Es wirft ein Schlaglicht auf die Persönlichkeit von W.E. Boeing, dass er das Flugzeug beim Erstflug am 29. Juni selbst steuerte, nachdem sich der angeheuerte Testpilot, W.L. Knox Martin von der U.S. Navy, verspätet hatte. Der konnte nur noch zusehen, wie Boeing den Gashebel nach vorne schob und nach kurzem Anlauf eine viertel Meile weit flog.

Bis zum Ende 1916 absolvierte die erste B&W bereits 82 Flüge mit einer Gesamtflugzeit von knapp 30 Stunden. Das zweite und letzte Flugzeug des Typs flog seit November, besaß aber aus verschiedenen Gründen schlechtere Flugeigenschaften als die erste Maschine und wurde daher kaum genutzt.

»Bluebird« und »Mallard« verblieben zunächst im Besitz von W.E. Boeing, der sie allerdings auch dem Aero Club zur Verfügung stellte. Schließlich war der Bau der beiden Flugzeuge nach Boeings Aussage sein »Hobby« gewesen. Im Jahr 1917 prüfte die Marine die beiden Maschinen in Massachusetts an der Ostküste der USA auf ihre Eignung als Schulflugzeuge, gab sie jedoch schon nach kurzer Zeit wieder an Boeing zurück.

Später verkaufte Boeing beide Flugzeuge für je 3750 Dollar nach Neuseeland an die *New Zealand Flying School*, wo sie schon nach kurzer Zeit lokale Luftfahrtgeschichte schrieben: »Bluebird« erreichte am 25. Januar 1919 einen neuseeländischen Höhenrekord von 6500 Fuß. Am 16. Dezember desselben Jahres transportierte die Maschine die erste offizielle Luftpost des Landes. Weitere Luftpostflüge folgten in unregelmäßigen Abständen, doch stellte man sie Mitte 1921 aus Kostengründen ein. Drei Jahre danach wurde die Flugschule geschlossen und die Spur der beiden Flugzeuge verliert sich.

Um das 50-jährige Jubiläum von Boeing zu feiern, baute man im Jahr 1966 ein flugfähiges Replikat der B&W. Die Arbeiten begannen am 27. Januar und basierten hauptsächlich auf Fotos, da keine Konstruktionszeichnungen mehr zur Verfügung standen. Auch die Unterlagen von Windkanalversuchen der technischen Hochschule von Massachusetts wurden herangezogen. Am 25. Mai 1966 wiederholte sich die Geschichte am Lake Union, als das Flugzeug erstmals startete. Die »Boeing 1A« wurde auf zahlreichen

■ **Die Boeing B-1 flog erstmals Ende Dezember 1919 und war das erste Flugboot aus dem Schuppen am Lake Union.**
Foto: via A. Ehlers

Flugtagen in der Umgebung vorgeführt, bis sie 1969 an das *Museum of Flight* in Seattle übergeben wurde, wo sie heute noch zu bewundern ist.

Schwerer Anfang

Ermutigt durch den erfolgreichen Erstflug der B&W gründete Boeing am 15. Juli 1916 offiziell die *Pacific Aero Products Company* (ab Mai 1917 Boeing Airplane Company) mit Sitz in Seattle. Dies war ein wichtiger, aber auch teurer Schritt für Boeing, denn bis dahin hatte er noch keine Gewinn bringenden Aufträge erhalten. Nicht weniger als 700 Dollar pro Woche zahlte Boeing aus eigener Tasche an Gehältern. Die Stundenlöhne reichten von 14 Cents für eine Näherin bis zu einem Dollar für Aushilfspiloten und Cheftestpilot Herb Munter verdiente immerhin 200 bis 300 Dollar pro Monat. Boeing zahlte für damalige Verhältnisse nicht schlecht, weil er meinte, dass man gute Mitarbeiter nur dann halten kann, wenn man sie auch angemessen bezahlt. Eine auf der Loyalität der Mitarbeiter basierende Firmenkultur gehörte bis zu seinem Ausscheiden aus dem Geschäftsleben zur Philosophie von William

Boeing. Allerdings erwartete er – selbst ganz Perfektionist – von seinen Mitarbeitern absolute Präzision und Zuverlässigkeit. Er reagierte mit gnadenloser Härte, wenn er den hohen Qualitätsanspruch seiner Produkte gefährdet sah.

Obwohl der Weggang von Westerveldt ein harter Schlag für die hochfliegenden Pläne von Boeing gewesen war, hinderte ihn das nicht daran, seine Ziele weiter zu verfolgen. Kurzerhand verpflichtete er mit Tsu Wong einen der wenigen Luftfahrtingenieure des Landes als neuen Chefkonstrukteur. Außerdem stießen von der *Washington School of Engineering* noch Clairmont L. Egtvedt und Philip G. Johnson hinzu, die beide später eine wichtige Rolle in der Entwicklung des Unternehmens spielten. Egtvedt – spezialisiert auf Holz- und Klebetechnologie – wurde leitender Versuchsingenieur und Johnson entwickelte sich schnell zum Fachmann für die Produktion.

Im Jahr 1917 hatte Boeing nicht ganz selbstlos damit begonnen, die Einrichtung von Kursen für Aeronautik an der *University of Washington* zu fördern und auch den Bau eines Windkanals anzuregen. Jetzt nutzte er die Vorteile dieser Investition: Schon bei der B&W hatte man mit einem Windkanal in Massachusetts gearbeitet und die Vorteile dieser Einrichtung zu schätzen gelernt.

■ Die B-1 im Einsatz bei einem Firmenpicknick im Jahr 1924. Von Beginn an war es William Boeing wichtig, für ein gutes Betriebsklima in seinem Unternehmen zu sorgen. *Foto: Boeing*

Das zweite Flugzeug aus der Boeing-Produktion, das ebenfalls als Wasserflugzeug aus der B&W entwickelte Model C, flog erstmals am 15. November 1916 und wurde sogleich ein kommerzieller Erfolg. Nachdem die U.S. Marine zwei Exemplare erfolgreich in Pensacola (Florida) getestet hatte, bestellte sie 50 Exemplare als Trainer. Auch die Vermittlung von Conrad Westerveldt hatte bei diesem Auftrag eine Rolle gespielt. Boeing hatte Glück, denn die Teilnahme der Amerikaner am Ersten Weltkrieg machte es notwendig, möglichst schnell eine große Zahl von Piloten auszubilden.

Erster internationaler Luftpostflug

Das Tor zu einer erfolgreichen Zukunft schien für Boeing nun weit offen zu stehen. Bevor eine verheerende Wirtschaftskrise begann,

ihre Schatten auf das Land und das noch junge Unternehmen zu werfen, machte der Name Boeing noch einmal Schlagzeilen. Am 3. März 1919 stiegen der Firmengründer und der Pilot Eddie Hubbard in ein für Boeings Privatgebrauch modifiziertes Modell C, flogen nach Vancouver und beförderten von dort 60 Briefe nach Seattle. Damit führten sie den ersten internationalen Luftpostflug der USA durch.

Das hört sich zunächst einfach an, aber die Geschichte dieses Fluges verdeutlicht, dass die Fliegerei auch nach dem Ersten Weltkrieg noch in den Kinderschuhen steckte. Nachdem Boeing und Hubbard vom Lake Union gestartet waren, quälte sich das Flugzeug mit nur wenig mehr als 100 km/h nach Norden. Zu allem Überfluss wurde auch noch das Wetter schlecht – nicht ungewöhnlich in diesem Teil Nordamerikas –, und eine Sichtweite nahe null zwang die Piloten schließlich zu einer Zwischenlandung in Anacortes, gerade einmal 130 km von Seattle entfernt. Erst am nächsten Tag konnten die mutigen Flieger den Weiterflug zum *Royal Vancouver Yacht Club* fortsetzen. Immerhin schafften Hubbard und Boeing den Rückflug nach Seattle in nur drei Stunden – mit dem Auto braucht man heutzutage etwa genau so lange. So erfüllte sich Boeings Hoffnung nicht, mit dieser Unternehmung das öffentliche Interesse an der Luftpostbeförderung zu wecken, und durch Schlagzeilen allein kann eine Firma nicht überleben.

Genau 50 Jahre später flog der Nachbau der B&W aus dem Jahr 1966 übrigens noch einmal von Vancouver nach Seattle, um dieses Jubiläum gebührend zu begehen.

Das Ende des Ersten Weltkrieges bedeutete für Boeing und die meisten anderen Flugzeugbauer des Landes nicht nur den Verlust von lebenswichtigen Aufträgen. Gleichzeitig überschwemmte die Armee mit überzähligen Flugzeugen den Markt. Kein Interessent wollte noch eine neue Maschine kaufen, wenn er zu Spottpreisen die Gebrauchtflieger von Heer und Marine erwerben konnte. Die Anzahl der technischen Mitarbeiter schrumpfte bei Boeing auf ganze zwei zusammen: Clairmont Egtvedt und Phil Johnson. Die Verluste des Unternehmens erreichten astronomische Höhen: Allein im Jahr 1919 verlor Boeing 90.000 Dollar und im folgenden Jahr 300.000. Das waren damals riesige Summen, zeitweilig schien ein Bankrott deshalb unabwendbar.

Schon bald musste sich die Firma hauptsächlich auf die Fertigung von krisenfesteren Artikeln verlegen wie zum Beispiel Boote und Möbel. So gehörte eine vollständige Schlafzimmereinrichtung zu den Produkten. Boeing wollte sich auf diese Weise wenigstens einen Stamm von handwerklich erfahrenen Mitarbeitern erhalten, denn er verlor auch in diesen schweren Zeiten nicht sein Ziel aus den Augen, Flugzeuge zu bauen.

■ Die berühmte »Red Barn« – »Rote Scheune« –, das erste Fabrikgebäude von Boeing, wurde im Jahr 1970 als Teil des »Museum of Flight« in Seattle restauriert. *Foto: H. Gerresheim*

■ So könnte das Büro von Ingenieur Clairmont L. Egtvedt ausgesehen haben, als Ende 1916 das Model C entstand. Ein Bild aus der restaurierten »Red Barn«. *Foto: H. Gerresheim*

Außerdem finanzierte der Firmengründer selber den Bau eines Flugbootes, der Boeing B-1. Die B-1 war das erste Transportflugzeug, das komplett von Boeing entwickelt wurde. Es flog erstmals am 27. Dezember 1919. Aus der Not geboren, war dieses in nur einem Exemplar gebaute Postflugzeug natürlich kein wirtschaftlicher Erfolg. Die Maschine legte jedoch in acht Jahren, gesteuert von Eddie Hubbard, nicht weniger als 350.000 Meilen auf Postflügen zwischen Seattle und dem kanadischen Victoria zurück. Die Zuverlässigkeit dieses Flugzeuges sprach sich herum und begründete den guten Ruf von Boeing als Flugzeugbauer. Eddie Hubbard selbst flog noch einige Jahre Luftpost im Nordwesten der USA und arbeitete mit Boeing zusammen bis er im Jahr 1929 starb.

Erste Erfahrungen mit dem Lizenzbau

Ab 1921 hielt sich Boeing mit der Lizenzfertigung verschiedener Militärflugzeuge über Wasser und sammelte gleichzeitig wertvolle Erfahrungen. Boeing schloss einen Vertrag über die Lizenzfertigung von 200 Thomas Morse MB-3A Jagdflugzeugen ab. Das war für die damalige Zeit ein riesiger Auftrag, und es rentierte sich nun, dass Boeing nie seine mehr als 4500 Quadratmeter großen Produktionsstätten in Seattle aufgegeben hatte. Boeing unterbot die Konkurrenz nicht zuletzt, weil er immer noch guten und preiswerten Zugang zu den umfangreichen Holzreserven im Staat Washington besaß.

■ **Damals beherrschten noch Zeichentische und Rechenmaschinen das Bild im Konstruktionsbüro, wie dieser rekonstruierte Raum in der »Red Barn« zeigt.** *Foto: H. Gerresheim*

Der Bau dieser Flugzeuge in nur knapp zwei Jahren war eine Energieleistung für das immer noch kleine Unternehmen. Nach Abschluss der Arbeiten im Dezember 1922 veranstaltete William E. Boeing für seine Mitarbeiter eine große Weihnachtsfeier und zahlte ihnen – ungewöhnlich für diese Zeit – einen Bonus aus. Der Unternehmer war sich über den Wert der Loyalität seiner Mitarbeiter im Klaren.

Dabei beschränkte sich die Firma nicht nur auf die reine Fertigung, sondern machte sich auch mit der Überarbeitung und Modernisierung von Flugzeugen einen Namen. Nach Kriegsende verfügte das Militär über mehrere Tausend nicht mehr benötigter Flugzeuge vom Typ *De Havilland DH-4*, die in den USA in Lizenz gefertigt worden waren. Bekannt als »Liberty-Planes« – sie verfügten über

einem amerikanischen Liberty-Motor – waren sie schon bald sehr beliebt bei Privat-, Schau- und Postpiloten im ganzen Land. Auch das Militär wollte noch einige Flugzeuge des Typs für Fotoaufklärung und Schulung nutzen und erteilte Boeing den Auftrag, 185 Flugzeuge mit einem geschweißten Metallrahmen zu versehen. Als erste Firma nutzten die Flugzeugbauer aus Seattle die Elektroschweiß-Technik bei der Herstellung des aus Stahlrohren bestehenden Gerüstes der Maschine, das die alte Holzkonstruktion ersetzte. Durch die Arbeit an diesen Aufträgen war man im Jahr 1923 gut vorbereitet auf die Teilnahme an der Ausschreibung eines Jagdflugzeuges für den *Army Air Service* und das Marine Corps. Clairmont Egtvedt, inzwischen zum Chefingenieur avanciert, brannte geradezu darauf, endlich wieder ein eigenes Flugzeug zu

■ **Anfang der 20er-Jahre verrichteten ausschließlich Frauen die Näharbeiten an der Tragflächenbespannung. Ihr Lohn betrug 14 Cents pro Stunde.** *Foto: Boeing*

konstruieren. Bisher hatte die Armee immer ihre Flugzeuge selbst entworfen und nur noch die Aufträge für die Produktion vergeben. Boeing nutzte diese Gelegenheit und präsentierte dem Army Air Service ein für seine Zeit ausgesprochen modernes und leistungsfähiges Flugzeug. Statt wie bisher üblich Sperrholz als Baustoff zu verwenden, setzte Egtvedt nun auf einen Rahmen aus geschweißten Stahlrohren. Als Antrieb diente ein 435 PS starker Motor, der dem Flugzeug eine Höchstgeschwindigkeit von

250 km/h verlieh. Nach anfänglichen Schwierigkeiten gewann Boeing schließlich nach und nach Aufträge über 123 Exemplare dieser Maschine mit der Bezeichnung PW-9. Mit diesem Auftrag sollte Boeing für die nächsten 15 Jahre zum führenden Hersteller von Jagdflugzeugen in den USA werden.

Auch mit der Marine kam man wieder ins Geschäft, als im Jahr 1924 ein Vertrag über die Lieferung von 71 Schulflugzeugen des Musters NB unterzeichnet wurde.

3. Post und Passagiere

Auf dem Weg zur eigenen Fluglinie

Im Jahr 1926 begann die amerikanische Regierung, den Luftpostverkehr im Land zu privatisieren. Clairmont Egtvedt und Eddie Hubbard unterbreiteten William Boeing den Vorschlag, sich für die transkontinentale Strecke zwischen Chicago und San Francisco zu bewerben. Als weitsichtiger Unternehmer erkannte Boeing darin eine Chance, die Aktivitäten seines Unternehmens Gewinn bringend auszuweiten. Wie es für ihn typisch war, analysierte er zunächst ausgiebig die Fakten und traf dann seine Entscheidung. Um sich erfolgreich um Aufträge für diese Dienste zu bewerben, benötigte man jedoch zunächst ein passendes Flugzeug. Was lag näher, als es selber zu bauen? Bereits ein Jahr zuvor, im Jahr 1925, hatte Boeing mit dem Modell 40 einen Doppeldecker für die staatlichen Luftpostdienste entworfen. Es war jedoch nicht zu einer Bestellung gekommen, weil Konkurrent Douglas den Zuschlag erhalten hatte.

Kurzerhand entwickelten Boeings Konstrukteure 1927 aus dem Modell 40 den Typ 40A, der über einen stärkeren und zuverlässigeren Sternmotor von Pratt & Whitney verfügte und neben 500 Kilogramm Post auch noch zwei Passagiere befördern konnte. Gleichzeitig gründete der Flugzeugbauer eine neue Firma: *Boeing Air Transport Inc.* (B.A.T.). Die Konkurrenz war konsterniert, denn das Angebot von Boeing für die Postroute lag fast um die Hälfte unter ihrer Kostenkalkulation. Während zum Beispiel die Firma Stout mit mehr als fünf Dollar pro Pfund für die gesamte Strecke kalkulierte, offerierte William Boeing einen Preis von weniger als drei Dollar. Schließlich erhielt er den Zuschlag für die begehrte

■ **Sand Point bei Seattle war die Basis der frühen Postflüge von »Boeing Air Transport«.** *Foto: Boeing*

Strecke und legte damit den Grundstein für ein ausgesprochen rentables und erfolgreiches Unternehmen.

In Rekordzeit, wie Boeing selbst sagte, entstanden zwischen Februar 1927 und der Aufnahme des Flugbetriebs im Juli desselben Jahres insgesamt 24 Flugzeuge. Im Januar 1928 kam durch den Kauf von *Pacific Air Transport* noch die Route von Seattle nach Los Angeles hinzu, und im August 1928 transportierte Boeing bereits ein Viertel aller in den Vereinigten Staaten aufgegebenen Luftpost. Schon nach kurzer Zeit flog B.A.T einen Gewinn ein. Zur Verblüffung der Konkurrenz, die zunächst fest mit einem baldigen Bankrott des neuen Mitbewerbers gerechnet hatte.

Das Unternehmen erwies sich als voller Erfolg. Die Flugzeuge, die vorher eigentlich nie umfangreich erprobt worden waren, legten im ersten Jahr nicht weniger als drei Millionen Flugkilometer zurück. Während zahlreiche Piloten auf anderen Strecken im ganzen Land ihr Leben verloren, gab es bei Boeing keinen einzigen tödlichen Unfall.

Trotzdem war die Luftpost kein leichtes Geschäft in dieser Zeit. Oft war das Wetter so schlecht, dass die Flugzeuge fast rückwärts flogen. Trotz aller Probleme errang Boeing einen Ruf als zuverlässige Airline.

Damit hatte die Firma einen gewaltigen Schritt nach vorn getan. Als großes und stabiles Unternehmen mit nunmehr 800 Mitarbeitern allein im Kerngeschäft Flugzeugbau ging Boeing 1928 als Aktiengesellschaft an die Börse.

Zusammenschluss

Kurz danach und im Rahmen einer landesweiten Welle von Firmenzusammenschlüssen entstand Ende 1928 unter der Präsidentschaft von W.E. Boeing die *United Aircraft and Transport Corporation*, in der sich einige der klangvollsten Namen der amerikanischen Luftfahrtindustrie vereinigten. Auch die Fluglinien Pacific Air Transport und B.A.T. sowie die Flughafengesellschaften von Hartford in Connecticut und Los Angeles waren Teil des Unternehmens, das schnell zur beherrschenden Kraft in der amerikanischen Luftfahrt wurde.

Die beiden Väter des Unternehmens waren William E. Boeing und Fred Rentschler, Chef des Motorenwerkes Pratt & Whitney, mit dem Boeing bereits seit längerem geschäftlich verbunden war.

Jede dieser einzelnen Firmen hatte bereits einen guten Ruf in ihrer Branche. **Hamilton Standard** aus Pittsburgh war der führende Propellerhersteller weltweit, dessen Produkte die meisten Flugzeuge dieser Zeit antrieben. **Northrop** aus Los Angeles war spe-

zialisiert auf den Bau von aerodynamisch ausgefeilten Hochleistungsflugzeugen. **Pratt & Whitney**, beheimatet in Hartford (Connecticut) ist bis heute eine Legende im Flugmotorenbau. Allein im Jahr 1929 verließen mehr als 2000 Motoren die Werkhallen. Die wichtigsten Produkte in dieser Zeit waren die luftgekühlten Sternmotoren »Wasp« und »Hornet«. Rund 90 Prozent der in den USA fliegenden Verkehrsflugzeuge waren mit Motoren von Pratt & Whitney ausgestattet. Auch BMW in Deutschland verfügte über eine Lizenz, diese Motoren herzustellen.

Der Name **Sikorsky** steht bis heute für die Entwicklung und den Bau von Hubschraubern. Ende der 20er-Jahre war die von einem berühmten russischen Flugzeugkonstrukteur gegründete Firma jedoch berühmt für ihre Amphibienflugzeuge. Die zweimotorige S-38 nutzte zum Beispiel Charles Lindbergh dazu, im Auftrag von *Pan American Airways* Strecken in der Karibik und Südamerika zu erkunden. Später baute Sikorsky auch viermotorige Flugboote für die Pazifikstrecken der Pan American.

Die **Stearman Aircraft Company** produzierte leichte Sport-, Post- und Verkehrsflugzeuge in ihrem Werk in Wichita (Kansas). **Chance Vought** war ein wichtiger Lieferant von Militärflugzeugen für alle Waffengattungen. Vought hatte noch bei Orville Wright fliegen gelernt und lieferte von Hartford (Connecticut) aus leistungsfähige Doppeldecker an die Marine und Luftwaffen aus Südamerika und Asien. Allein im Jahr 1929 erreichten die Exporte von Vought einen Wert von mehr als einer Million Dollar.

Die Aktivitäten dieser Firmen waren gut koordiniert. Die Vertreter der verschieden Unternehmen trafen sich regelmäßig, um Ideen und Informationen auszutauschen. Somit überrascht es nicht, dass sich die Symbiose von Flugzeugbau und Luftverkehr als äußerst erfolgreich erwies. Schon bald gingen fast 50 Prozent aller Luftfahrtexporte der USA auf das Konto des neu geschaffenen Unternehmens. Nicht ganz zu Unrecht stand im Bericht an die Aktionäre im Jahr 1929: »*United Aircraft & Transport Corporation […] hält eine einmalige und möglicherweise die stärkste Position unter den Luftfahrtfirmen in der Welt.*« Tatsächlich wurde durch die Gründung dieses Konzerns die Luftfahrtindustrie erwachsen. Der Flugverkehr wurde nun endgültig zum großen Geschäft, in das sich zu investieren lohnte.

■ **Die zuverlässige und wirtschaftliche Boeing 40A ermöglichte Boeing den erfolgreichen Einstieg ins Luftpostgeschäft.**
Foto: Boeing

»Universität der Luftfahrt«

Flaggschiff der Transportaktivitäten des Konzerns waren Boeing Air Transport (B.A.T.) und Pacific Air Transport. Mit der Strecke von Chicago nach San Francisco bediente B.A.T. seit Mitte 1927 die längste Luftpostroute der Welt. In jeder Richtung bot die Fluglinie täglich zwei Verbindungen an, so dass die 46 eingesetzten Flugzeuge der Typen Boeing 40A und später Boeing 80 bis Dezember 1929 acht Millionen Meilen flogen. Revolutionär war dabei die Tatsache, dass die Piloten 45 Prozent der Flugstunden bei Nacht absolvierte, wobei sie beleuchtete Luftstraßen nutzten. Allein im Jahr 1929 wurden 5,8 Millionen km zurückgelegt, ohne dass es zu einem tödlichen Unfall kam. Mehr als 1000 Tonnen Post und 6129 Passagiere beförderten die Flugzeuge in dieser Zeit. Beeindruckende Zahlen, die nur erreicht werden konnten, weil Boeing großen Wert darauf legte, ausschließlich erfahrenes und gut ausgebildetes Personal zu beschäftigen. Die meisten der 63 Piloten verfügten über 4000 bis 6000 Stunden Flugerfahrung, unter ihnen befanden sich acht der zehn erfahrensten Luftpostpiloten der USA.

Im Jahr 1929 gründete Boeing im kalifornischen Oakland eine eigene Pilotenschule. Auch Mechaniker wurden an dieser Institution ausgebildet, die in Fachkreisen schon bald den Beinamen einer »Universität der Luftfahrt« trug. Neben dem Ausbildungsstand des Personals musste natürlich auch die Infrastruktur stimmen. Erstmals in der zivilen Luftfahrt kamen Sprechfunkgeräte für Sendung und Empfang zum Einsatz, die einen permanenten Funkkontakt zu den 22 Bodenstationen entlang der Strecke und anderen Flugzeugen der Linie ermöglichten. Außerdem nutzte man das staatliche Netz von Funkfeuern zur Navigation.

Zu einem gut funktionierenden und sicheren Transportsystem gehörten natürlich auch Flughäfen. Ende 1929 wurde daher die *United Airports Company of California* gegründet, deren Ziel der Bau eines Flughafens in Burbank bei Los Angeles war. Rund 1,5 Millionen Dollar steckte der Konzern in dieses Unternehmen. Das Gelände war groß genug, um auch anderen Firmen und Aktivitäten des Konzerns eine Unterkunft zu bieten. Schon bald bezogen *Northrop* und *Hamilton Standard Propellers* einige Gebäude auf dem Gelände. Auch auf dem Areal neben der Motorenfabrik Pratt & Whitney in Hartford entstand ein gut ausgestatteter Flughafen.

All dies stellte zwar eine riesige Investition dar, doch wussten die Verantwortlichen bei Boeing, dass sich das Flugzeug als Verkehrsmittel nur etablieren und profitabel machen ließ, wenn man unter eigener Regie für größtmögliche Sicherheit sorgte.

Dies galt auch für *Stout Air Lines*, ebenfalls Teil des Konzerns und beheimatet im Osten der USA. Als reine Passagierlinie bediente das Unternehmen hauptsächlich Kurz- und Mittelstrecken im Raum Detroit und Chicago. Immerhin beförderte Stout allein im Jahr 1929 insgesamt 34.362 Passagiere unfallfrei.

■ **Schon bald wurde der Boeing-Aufkleber zu einem Garantiesiegel für zuverlässige und pünktliche Postbeförderung quer durch den Kontinent.**
Foto: Museum of Flight

Unterwegs mit dem »Pullman der Luft«

Als Nächstes in einer Reihe von erfolgreichen Verkehrsflugzeugen präsentierte Boeing im Jahr 1928 den dreimotorigen Doppeldecker Boeing 80, ein für seine Zeit außerordentlich komfortables Flugzeug. Schon bald in der Öffentlichkeit als »Pullman der Luft«

■ **Mit der dreimotorigen Boeing 80 entstand 1928 ein zuverlässiges Flugzeug für die Passagierluftfahrt.** *Foto: Museum of Flight*

bezeichnet, transportierte das Modell 80 bis zu zwölf Passagiere in komfortablen und verstellbaren Ledersitzen. Die Kabine war mit Mahagoni ausgekleidet und verfügte über individuelle Leselampen, eine Anlage zur Belüftung und – damals ein unglaublicher Komfort – über fließendes kaltes und warmes Wasser.

Auch den Piloten wurde ein bisher nicht gekannter Luxus zuteil: Das Cockpit war geschlossen! Kurioserweise gab es jedoch nicht wenige Piloten, die es zunächst als großen Nachteil empfanden, nicht mehr Wind und Wetter ausgesetzt zu sein. Sie befürchteten, damit das für das Fliegen notwendige Gefühl für die Elemente einzubüßen. Boeing baute deshalb sogar ein Exemplar des Typs entsprechend um. Allerdings wurde dieses Flugzeug bereits nach we-

nigen Monaten wieder in den alten Zustand zurückversetzt. Letztendlich setzte sich auch innerhalb der Pilotengilde ein fortschrittliches Denken – oder war es schlicht der menschliche Hang zu mehr Bequemlichkeit ? – durch.

Mit der Erhöhung der Kapazität auf 18 Passagiere flogen auch – ebenfalls ein Novum in der Verkehrsluftfahrt – so genannte »Sky Girls« mit. Meist waren dies ausgebildete Krankenschwestern, die für das Wohl der Passagiere sorgten, Speisen und Getränke servierten und außerdem für medizinische Notfälle bestens gerüstet waren. Sie halfen allerdings ebenfalls beim Tanken, Laden und bei der Reinigung der Kabine. Der Beruf der Stewardess war geboren, wenngleich die »Sky Girls« auch zunächst wie Krankenschwestern gekleidet waren. Für 100 Flugstunden im Monat erhielten sie 125 Dollar. Von diesem Gehalt hätten sie sich niemals ein Flugticket leisten können, das zum Beispiel für die Strecke von Chicago nach San Francisco 300 Dollar kostete. Fliegen war eben zu dieser Zeit ein Privileg der Menschen, die es sich leisten konnten.

Monomail und wertvolle Erfahrungen

Ende der 20er-Jahre gab es nur wenig Flüge, noch weniger nutzbare Flughäfen und die Attribute »bequem« und »komfortabel« waren eher relativ zu bewerten. So waren die Fluggesellschaften im Wesentlichen noch immer von den staatlich subventionierten Postflügen abhängig. Deshalb musste die Passagierfliegerei vor allem schneller und sicherer werden, wenn sie mit anderen Verkehrsmitteln konkurrieren wollte.

Nach dem im Grunde eher konservativen Modell 80, von dem 15 Exemplare gebaut worden waren, konzentrierte sich Boeing im neuen Jahrzehnt auf modernere Konstruktionen. Wegbereiter für eine ganze Generation moderner Flugzeuge war die einmotorige Monomail, von der im Jahr 1930 zwei Exemplare entstanden, als Modell 200 für Post und als 221 für bis zu acht Passagiere. Sie war als freitragender Ganzmetall-Tiefdecker mit Einziehfahrwerk ausgelegt und zeichnete sich durch ihre ausgefeilte Aerodynamik aus. Erstmalig wendeten Boeings Konstrukteure bei diesem Flugzeug die Ganzmetall-Bauweise an.

Intern hatte es bei Boeing zwei grundsätzlich verschiedene Ansichten zur Auslegung der Monomail gegeben, und so griff die Geschäftsleitung zum ersten Mal zu einer Methode, die in Zukunft noch öfter zu hervorragenden Entwürfen führen sollte: Sie bildete zwei konkurrierende Konstruktionsteams, die am Ende ihre Entwürfe der Geschäftsleitung zur Entscheidung vorlegten.

Leider war das Flugzeug selbst erheblich moderner und ausgereifter als die damals zur Verfügung stehenden Motoren und Propeller, so dass das Leistungspotenzial der Monomail erst richtig ausgeschöpft werden konnte, als sich noch modernere, mehrmotorige Flugzeuge mit größerer Kapazität im Luftverkehr zu etablieren begannen, die über entsprechende Aggregate verfügten.

■ **Die Boeing-Werkhalle im Jahr 1927: Im Hintergrund sieht man eine lange Reihe von Boeing 40-Flugzeugen, die im Frühjahr 1927 in Rekordzeit gefertigt wurden. Im Vordergrund entstehen PW-9 Jagdflugzeuge und in der Mitte befinden sich zwei TB-1 Bomber für die Marine in der Endmontage.** *Foto: Boeing*

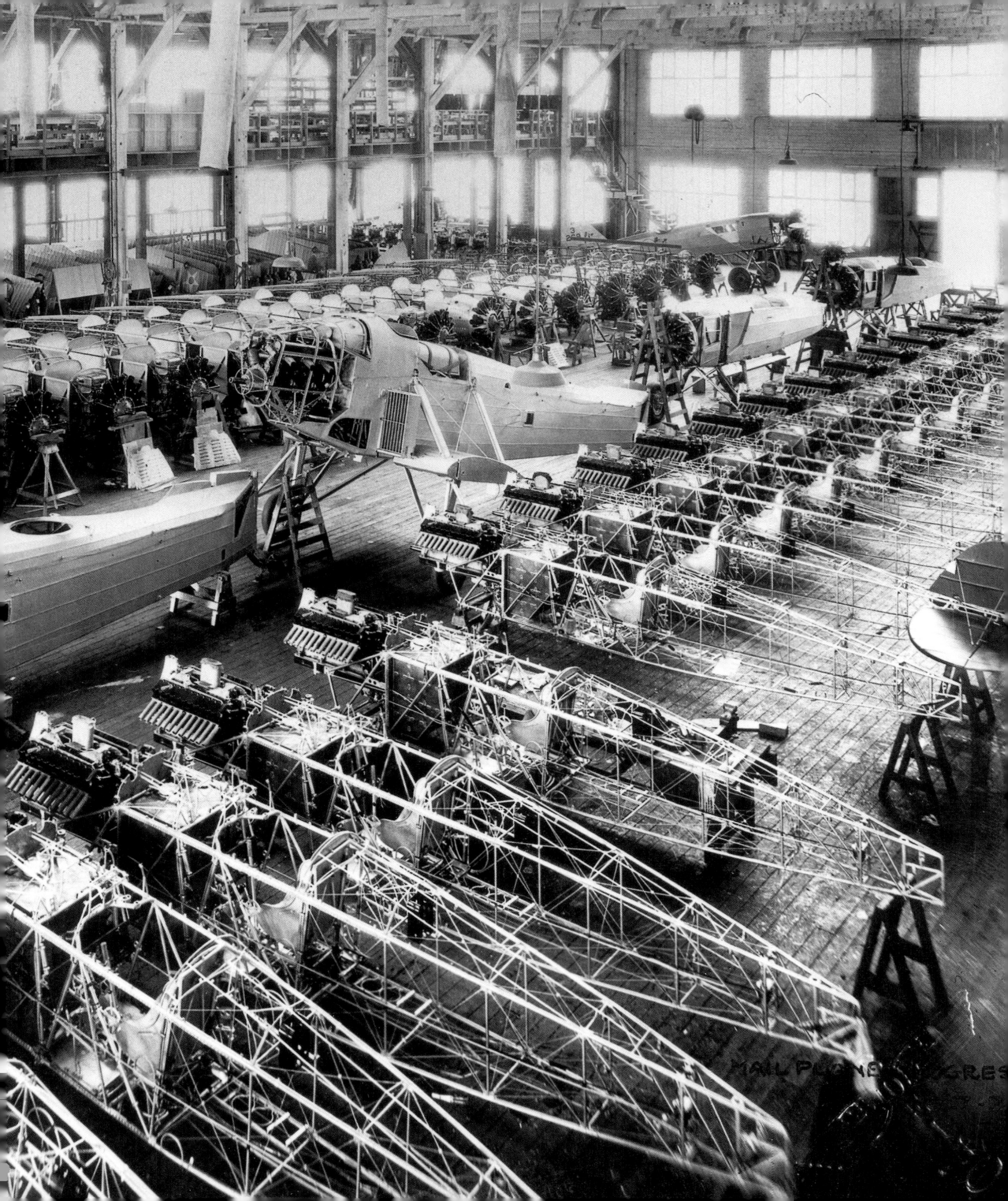

■ Luxus in den späten 20er-Jahren: Die Pullman-Kabine der Boeing 80 bot zwölf Passagieren Platz und besaß einen bis dahin unerreichten Komfort.
Foto: Museum of Flight

■ »Sky Girls«, die ersten Stewardessen der Zivilluftfahrt waren voll ausgebildete Krankenschwestern.
Foto: Museum of Flight

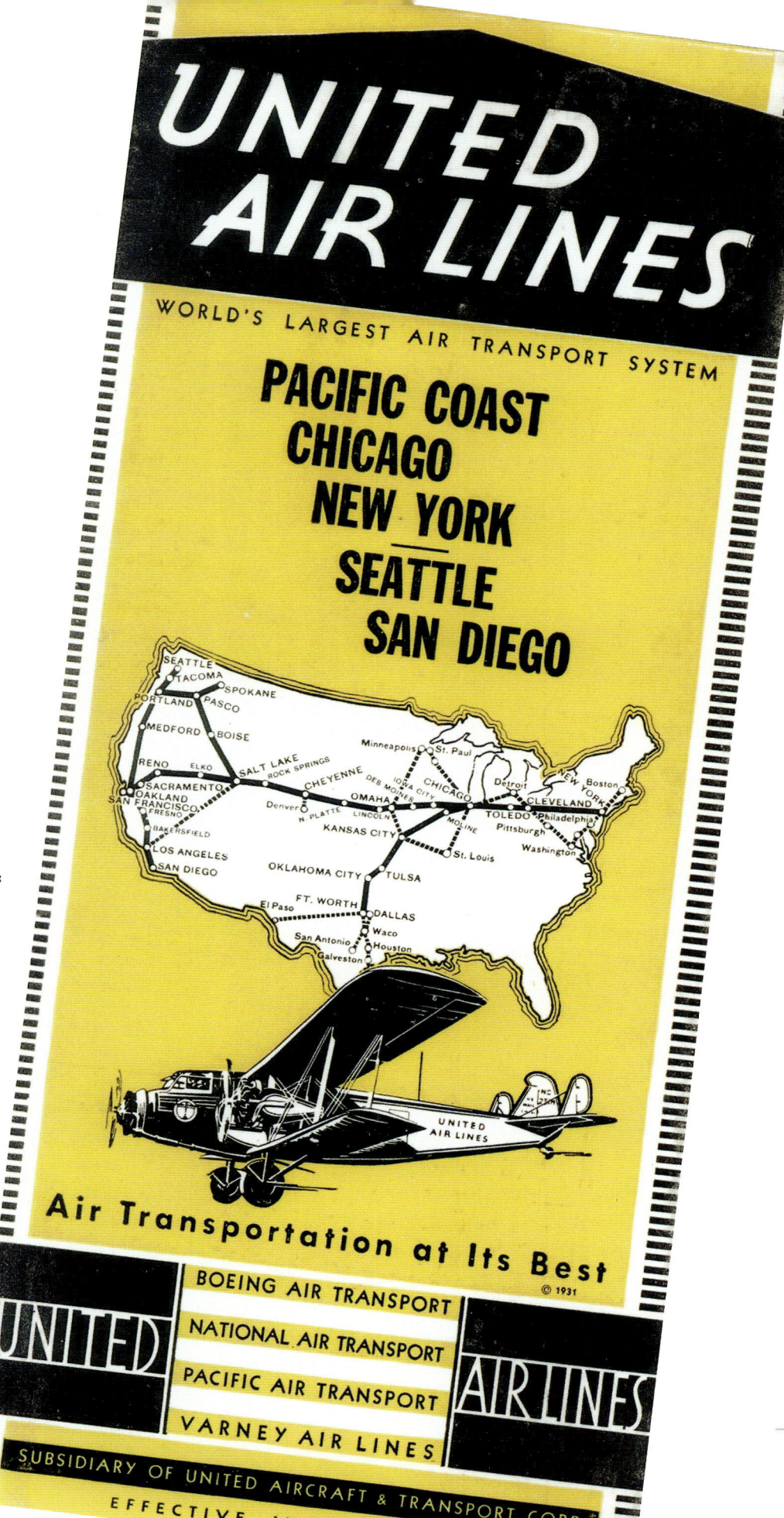

■ Seit 1929 zog »Boeing Air Transport«
unter dem Namen »United Airlines« ein
landesweites Luftverkehrsnetz auf.
Hier ein Flugplan aus dem Jahr 1931.
Foto: Museum of Flight

Die Monomail war mit einer Höchstgeschwindigkeit von 255 km/h und einer Dienstgipfelhöhe von 4270 m ausgesprochen leistungsfähig. Deshalb zählt die Maschine auch zu den wichtigsten Entwürfen von Boeing, bildete sie doch die Grundlage für später erfolgreichere Modelle.

Überzeugt von den Leistungen der Monomail baute Boeing im Jahr 1931 auf eigene Kosten zwei Experimentalbomber in Ganzmetallbauweise, die unter der Bezeichnung B-9 von den Streitkräften erprobt wurden und sich, obwohl man auf einigen altmodischen Merkmalen wie z.B. einem offenen Cockpit bestanden hatte, schon bald den meisten Jagdflugzeugen der Zeit überlegen zeigten. Mit einer Höchstgeschwindigkeit von 300 km/h flog sie den meisten Konkurrenten einfach davon! Trotzdem ging der erwartete Großauftrag an den Mitbewerber Martin und Boeing mus-

■ Die Boeing 200 Monomail legte mit ihrer klaren aerodynamischen Linienführung den Grundstein für die späteren, leistungsfähigen Boeing-Airliner.
Foto: Boeing

■ Ein Bomber des Typs YB-9 in Formation mit einem P-26 Jagdflugzeug. Leider entstand von diesem Flugzeug nur ein Prototyp.
Foto: Boeing

■ Die zweimotorige Boeing 247 begründete den Ruf des Unternehmens als Hersteller von Verkehrsflugzeugen. Die ungewöhnlich nach vorne gepfeilte Cockpitverglasung weist das hier abgebildete Flugzeug als frühes Modell 247A aus.

Foto: Museum of Flight

■ Klein aber fein: Die originalgetreu restaurierte Passagierkabine der letzten flugfähigen Boeing 247.

Foto: H. Gerresheim

Stolz präsentiert dieser Flugplan aus dem Jahr 1933 die Leistungsfähigkeit der B.247. »Von Küste zu Küste in zwanzig Stunden – Chicago-New York in 4 3/4 Stunden«.
Foto: Museum of Flight

NEW FAST SCHEDULES
CORRECTED TO JUNE 20, 1933

UNITED AIR LINES

Announces
the World's Fastest
Multi-Motor Plane Service

COAST-TO-COAST **20** HRS. — CHICAGO-NEW YORK **4$\frac{3}{4}$** HRS.
WESTBOUND FLIGHTS SLIGHTLY LONGER DUE TO PREVAILING WINDS

● The New Type Boeing All-Metal Low-Wing Wasp-Powered 10-Passenger-Cargo Monoplanes Have A High Speed of "Three-Miles-A-Minute."

SPEED with COMFORT

SERVICE TO 137 CITIES

ste sich wiederum damit begnügen, wertvolle Erfahrungen gesammelt zu haben. Letztere verhalfen dem Unternehmen allerdings zu einem wichtigen Durchbruch, von dem auch die Aktivitäten des Konzerns im Airline-Bereich profitieren sollten.

Boeing 247

Die Boeing 247 gilt auch heute noch als Urvater der modernen Verkehrsflugzeuge, obwohl das Modell nicht so erfolgreich war wie ursprünglich erhofft. Der zweimotorige Tiefdecker für zehn Fluggäste war mit Verstellpropellern, Autopilot, einem Einziehfahrwerk, pneumatischen Enteisern für die freitragenden Tragflächen und einer beheizten Kabine ausgestattet. Eine wahre Revolution gegenüber den bisher eingesetzten Flugzeugen! Zwar war das Flugzeug in den vergangenen Jahren zum mit Abstand schnellsten Verkehrsmittel geworden, doch die Reise damit war

nicht nur teuer, sondern auch eine Tortur. Meist stiegen die Fluggäste halb taub und durchgefroren aus, nachdem sie viele Stunden relativ ungeschützt den Elementen ausgesetzt gewesen waren. Mit der Boeing 247 sollte sich vieles für die Passagiere ändern. Auch für die Piloten bedeutete diese neue Generation von Verkehrsflugzeugen eine gewaltige Verbesserung.

Initiator des Typs war Fred Collins, ein junger Mitarbeiter und stellvertretender Verkaufsleiter. Selbst Pilot, verfügte er über umfangreiche Erfahrungen mit Verkehrsflugzeugen und ihren Unzulänglichkeiten. Er hatte erfahren, dass die Firma Fokker im Auftrag der Armee einen zweimotorigen Eindecker entwickelte und warf bei einem Treffen von Abteilungsleitern die kühne Frage auf, ob das nicht auch eine Alternative im Luftverkehr sein könne. Damit spaltete er die Chefetage des Unternehmens beinahe umgehend in zwei Fraktionen. Letztendlich spitzte sich die Diskussion um die Auslegung der 247 auf einen Streit zwischen den konservativen und den progressiven Kräften im Unternehmen zu.

■ **Auch die Deutsche Lufthansa erwarb in den 30er-Jahren zwei Boeing 274D zu Erprobungszwecken. Dieses Foto entstand in Amsterdam.**
Foto: Lufthansa

OCKPIT- L.H. SIDE
MODEL 247-Y

■ **Das Cockpit der einzigen Boeing 247Y, die im Jahr 1937 nach China ausgeliefert wurde. Dieses Flugzeug war zum Schutz seines priva-**
ten Besitzers schwer bewaffnet. *Foto: Museum of Flight*

Chefingenieur Monty Monteith, der schon das Modell 80 entwor-
fen hatte, war zunächst skeptisch. Er bevorzugte eine dreimotori-
ge Ausführung des Musters. Das Flugzeug sollte nämlich in der
Lage sein, auch bei Ausfall eines Motors eine Flughöhe von
3000 m zu halten, da die meisten wichtigen Flugrouten über hohe
Gebirge wie die Rocky Mountains führten. Selbst die bisher im
Einsatz stehenden dreimotorigen Flugzeuge schafften dies nicht.
Monteith traute einem zweimotorigen Flugzeug allenfalls zu, eine
Flughöhe von 1200 m zu erreichen. Als Autor eines anerkannten

Referenzwerkes zur Aerodynamik war er auch überzeugt davon,
dass ein Doppeldecker die einzig wahre Lösung für große Transportflugzeuge sein könne. Er war sehr skeptisch in Bezug auf die
Stabilität und das Auftriebsverhalten eines freitragenden Ein-
deckers. Schon bei der Monomail hatte er entsprechende Bedenken geäußert. Monteith war nicht altmodisch – er baute nur auf die
bisher im Flugzeugbau gemachten Erfahrungen und wollte nicht
aus lauter progressivem Überschwang das gesamte Projekt und
damit die Zukunft der Firma aufs Spiel setzen. Selbst als die 247

■ Mit der P-12 gelang Boeing der große Einstieg in das Militärgeschäft. Hier ein Exemplar des Museum of Flight in Seattle.

Foto: H. Gerresheim

flog und die Leistungsdaten die progressiven Kräfte im Unternehmen bestätigten war er überzeugt: *»Etwas noch Größeres wird es nie geben«*.

Auch Clairmont Egtvedt, damals Vizepräsident von Boeing und Chef des Werks in Seattle, war zunächst vorsichtig und favorisierte ein achtsitziges Flugzeug. Es bedurfte einiger Überredungskünste, ihn von der gewagteren zehnsitzigen Ausführung zu überzeugen. Einig war man sich allein in der Einsicht, dass der neue Typ über ein Einziehfahrwerk verfügen müsse.

Phil Johnson, gleichzeitig Präsident von B.A.T. und leitender Mitarbeiter beim Flugzeugwerk, war hingegen begeistert von dem Konzept und überzeugte auch den späteren Chef von *United Airlines*, Fred Rentschler, von dem Projekt. Auch Frank Canney, Projektingenieur für das Modell 247, war für jede Neuerung zu haben.

Letztendlich hatten sich die fortschrittlichen Kräfte durchgesetzt, als die 247 am 8. Februar 1933 zum ersten Mal flog – zweimotorig und zehnsitzig. Die hervorragenden Leistungen des Flugzeugs schon beim Erstflug gaben den Reformern um den stellvertretenden Verkaufschef Fred Collins schließlich Recht und das Flug-Erprobungsprogramm konnte erheblich gekürzt werden. Die Höchstgeschwindigkeit von gut 290 km/h übertraf die zuvor im Winkanal errechneten Werte bei weitem und lag auch 80-110 km/h über den bisher weit verbreiteten dreimotorigen Fords und Fokkers. Auch die von Monteith zuvor bezweifelte Fähigkeit, mit nur einem Motor eine Flughöhe von mindestens 3000 m zu halten, erreichte die 247 locker, ja sie übertraf diese Höhe noch: Mit nur einem Motor und maximaler Zuladung stieg das Flugzeug auf eine Dienstgipfelhöhe von 7700 m! Kein anderes der zu dieser Zeit fliegenden Verkehrsflugzeuge konnte das leisten.

Eine Klausel verhindert den Erfolg

Die ersten 60 Exemplare der 247 gingen an *United Airlines*, die damit ab Juli 1933 begannen, ein landesweites Luftverkehrsnetz aufzuziehen. Ursprünglich hatte B.A.T. die Flugzeuge bestellt, doch war das Unternehmen inzwischen zusammen mit *National Air Transport*, *Pacific Air Transport* und *Varney Speed Lines* in *United Airlines* aufgegangen. Die Bestätigung des Auftrages war die erste Amtshandlung des jungen Präsidenten von United, Phil Johnson. Damit wurde er zum Käufer des Flugzeuges, das er eineinhalb Jahre zuvor selbst für insgesamt drei Millionen Dollar an B.A.T. verkauft hatte.

Zwar war dieser Auftrag einerseits der Traum jedes Flugzeugbauers, doch sollte eine Klausel im Kaufvertrag langfristig die Verkaufsaussichten des Musters zerstören. Bis zur Komplettierung der ersten 60 Flugzeuge im Jahr 1934 durfte kein Exemplar an eine andere Gesellschaft ausgeliefert werden. Diese, vor allem die große TWA – damals stand diese Abkürzung noch für »Trans Continental and Western Airlines« – waren gezwungen, nach Alternativen zu suchen und landeten schließlich in der Mehrzahl bei Donald Douglas in Kalifornien. Douglas nutzte schließlich die Gunst der Stunde und entwickelte die DC-2 und später daraus die DC-3 (Erstflug 1935), die die Boeing 247 nach nur knapp zwei Jahren von den Luftstraßen verdrängen, den Luftverkehr revolutionieren und dadurch schließlich selbst zur Legende werden sollte. Das Douglas-Flugzeug war größer, schneller, komfortabler und in fast jeder Hinsicht moderner als die 247.

■ **Mechaniker der Luftstreitkräfte betanken eine P-12. Dieser Typ bildete Ende der 20er-Jahre das Rückgrat der Jagdverbände der Luftwaffe.** *Foto: NASA*

■ Die F-4B war aus der P-12 abgeleitet und in den 30er-Jahren das wichtigste Jagdflugzeug der Marineflieger. *Foto: NASA*

Kein Erfolg für den Meilenstein der Technik

Die Flugzeit von der Ost- zur Westküste der USA schrumpfte mit der Einführung der Boeing 247 am 30. März 1933 um mehr als sieben Stunden auf knapp 20. Damit wurde die 247 zum ersten »Drei-Meilen-pro-Minute«-Airliner. Außerdem war man nun in der Lage, die Anzahl der Zwischenlandungen von zehn auf sieben zu reduzieren.

Insgesamt verkaufte Boeing nur 75 Exemplare der B.247, bevor sich die Douglas-Flugzeuge auf dem Markt durchsetzten. So ging zum Beispiel ein Flugzeug des Typs 247A an die Firma Pratt & Whitney als luxuriös ausgestattetes Forschungs- und Firmenflugzeug. Auch die *Deutsche Lufthansa* erhielt zwei Maschinen der Version 247D mit verbesserten Motorverkleidungen und einer veränderten Cockpitverglasung. Die Flugzeuge wurden nur für kurze Zeit auf Strecken in Europa eingesetzt. Hartnäckig hält sich bis heute das Gerücht, dass die Deutschen die beiden B.247 ebenso wie eine DC-2 nur erworben hatten, um ihren Ingenieuren Gele-

genheit zu geben, in Ruhe die Konstruktionsmerkmale dieser Flugzeuge zu studieren.

Die damals wohl berühmteste Boeing 247 war das Exemplar, das im Jahr 1934 für den Rekordflieger Roscoe Turner fertig gestellt wurde und über zusätzliche Treibstofftanks in der Kabine verfügte. Er nahm damit im Jahr 1934 am legendären McRobertson-Miller Luftrennen von London nach Melbourne teil und belegte in der Gesamtwertung den dritten und bei den Transportflugzeugen den zweiten Platz. Bezeichnenderweise gewann eine Douglas DC-2.

Die erste militärische Variante war das Modell 247Y, das mit Maschinengewehren an Bug und Heck ausgerüstet war und dessen einziges Exemplar im Jahr 1937 an einen Privatmann (!) nach China ausgeliefert wurde. Mit Beginn des Zweiten Weltkrieges zog die Luftwaffe 27 Maschinen der B.247 unter der Bezeichnung C-73 ein. Da sich diese Flugzeuge aufgrund der kleinen Türen und den durch den Hauptholm des Flügels unterbrochene Kabinenboden für größere Transporte als ungeeignet erwiesen, kamen die

■ Die Boeing P-26 »Peashooter« war das erste Eindecker-Jagdflugzeug im Dienst der US Luftwaffe. Hier ein Exemplar im Windkanal der NASA im Jahr 1934. *Foto: NASA*

Flugzeuge hauptsächlich für die Ausbildung und als »Taxi« für Besatzungsmitglieder zum Einsatz.

Die kanadische Luftwaffe setzte acht Flugzeuge des Typs ein, von denen eine Maschine später den Weg nach Großbritannien fand. Die *Royal Air Force* benutzte sie als Versuchsträger, der eine wichtige Rolle bei der Entwicklung von Systemen für den Instrumentenflug und automatische Landungen spielte, bei denen die Briten lange Zeit eine führende Position inne hatten.

Bei allen Erfolgen und Neuerungen stellte die Boeing 247 zwar einen Meilenstein in der Entwicklung der Verkehrsluftfahrt dar, doch der kommerzielle Erfolg blieb ihr versagt. Das Erscheinen der technisch und wirtschaftlich hoch überlegenen DC-3 bedeutete einen Rückschlag für Boeing, begründete sie doch eine Vorherrschaft von Douglas im Bereich der Verkehrs- und Transportflugzeuge, die bis weit in die 50er-Jahre hinein andauerte.

Erfolge beim Militär

War es auch mittlerweile die zivile Luftfahrt, die das kommerzielle Rückgrat des Unternehmens bildete, so hatte man seit 1931 auch wieder größere Erfolge beim Verkauf von Militärflugzeugen verbuchen können. Allerdings musste Boeing feststellen, dass Innovationen im Flugzeugbau immer noch durch den großen Einfluss gedämpft wurden, den das eher konservativ orientierte Verteidigungsministerium ausübte.

Mit den kleinen und leistungsfähigen Jagddoppeldeckern vom Typ P-12 beziehungsweise F4B belieferte Boeing sowohl die Luftwaffe als auch die Marineflieger. Insgesamt verließen nicht weniger als 585 Flugzeuge verschiedener, immer wieder verbesserter Versionen die Werkhallen. Die Auslieferung der letzten Maschine im Jahr 1933 beendete gleichzeitig die Ära der Boeing-Doppeldecker, denn der Nachfolger, die im März 1932 erstmals geflogene P-26 »Peashooter«, war ein vollkommen neuer Entwurf. Als Tiefdecker in Ganzmetall-Bauweise stellte dieser Typ einen Wendepunkt in der Entwicklung von Jagdflugzeugen dar. Die Streitkräfte honorierten den Mut, neue Wege zu beschreiten, mit dem Kauf von insgesamt 136 Maschinen. Weitere zehn Flugzeuge wurden nach China geliefert.

Dabei war die P-26 schon fast überholt, als die Luftwaffe sie in Dienst stellte, denn auf den Reißbrettern sowohl in Europa als auch in den USA entstanden zu diesem Zeitpunkt bereits die ersten Jagdflugzeuge mit freitragenden Flügeln und geschlossener Kabine. Auch die meisten modernen Bomber waren schneller als die P-26. Die hauptsächliche Bedeutung der »Peashooter« lag darin, dass sie ein Bindeglied zwischen den Doppeldeckern der 20er-Jahre und den modernen Jagdflugzeugen des Zweiten Weltkrieges darstellte. Kaum zu glauben, aber dieses letzte Jagdflugzeug von Boeing stand in Guatemala noch bis 1954 im aktiven Einsatz!

William Boeing gibt auf

Ein schwerer Schlag traf Boeing, als ein neues Kartellgesetz Ende September 1934 die Auflösung der *United Aircraft and Transport Corporation* notwendig machte. So durften zum Beispiel Flugzeughersteller und Fluglinien nicht mehr in einer einzigen Firma vereinigt sein. Deshalb entstanden drei neue Firmen, die noch heute existieren: *United Airlines* war von nun an für den Luftverkehr zuständig und *United Aircraft*, heute bekannt als *United Technologies*, bündelte die Flugzeugbauaktivitäten im Osten der USA. Die *Boeing Airplane Company* selbst vertrat, nun unter der Leitung von Clairmont Egtvedt, von nun an den gleichen Bereich im Nordwesten des Landes.

William E. Boeing sah sein Lebenswerk zerstört und zog daraus noch im selben Jahr die Konsequenz, von allen Ämtern im Unternehmen zurückzutreten und seine Anteile zu verkaufen. Boeing fühlte sich ungerecht behandelt: Zuerst hatte er viel Geld in den Aufbau des Unternehmens und damit in ein zuverlässig funktionierendes Luftverkehrsnetz gesteckt, aber als es begann, Geld abzuwerfen, wurde der Konzern von der Regierung zerschlagen. Der Unternehmer zog sich aus der Luftfahrt zurück, nur während des Zweiten Weltkrieges fungierte er noch ab und zu als Berater für das Unternehmen.

Von 1936 an erwarb sich Boeing einen Namen mit der Zucht von Vollblutpferden, die in den wichtigsten Rennen im ganzen Land starteten, wobei Boeing in seinem Privatflugzeug zu den Rennen flog. Schon bald machten ihn vier Pferde aus seinem Stall – Slide Rule, Devil's Thumb, Grim Raper und Porter's Mite – im ganzen Land berühmt.

In den frühen 40er-Jahren verlegte er sich auf die Rinderzucht und kaufte eine Farm von 200 Hektar in der Nähe von Seattle. Wie alles, was er in Angriff nahm, betrachtete er auch sein Engagement in diesem Bereich als Herausforderung. Innerhalb kurzer Zeit verdoppelte er die Größe seiner Farm und brachte es zu einem anerkannten Sachverständigen für Hereford-Rinder. Noch heute gilt er als einer der wichtigsten Helfer bei der Entwicklung der Rinderzucht im Nordwesten der USA. So ganz nebenbei frönte er seiner Leidenschaft für die Technik, so dass seine Farm nach kurzer Zeit eine der modernsten der Gegend war.

■ **Zwischen 1934 und dem Beginn des Zweiten Weltkrieges rüstete die US Luftwaffe zahlreiche Jagdstaffeln mit insgesamt 136 Exemplaren der P-26 aus.**
Foto: USAF

4. Fliegende Festungen und Luxusliner

Am Abgrund

Die späten 30er- und frühen 40er-Jahre bedeuteten für Boeing genauso wie für fast alle Flugzeugbauer auf der ganzen Welt den Beginn einer Phase, die im Wesentlichen dem Bau von Militärflugzeugen galt. Der Bomberbau machte Boeing zu einem der führenden Hersteller von Großflugzeugen.

Erster Typ in einer Serie von viermotorigen Entwürfen war der im Auftrag der Streitkräfte entstandene Experimentalbomber XB-15, der im Jahr 1937 seinen Erstflug absolvierte. Als eines der größten Flugzeuge seiner Zeit stellte es eine Anzahl von Nutzlast- und Höhenrekorden auf, die deutlich zeigten, dass man eine Maschine dieser Größenordnung sinnvoll einsetzen konnte.

Die Streitkräfte hatten bereits 1934 den Bau eines mehrmotorigen Bombers ausgeschrieben. Boeing reagierte als einziger Bewerber mit einem viermotorigen Entwurf, doch die Rechnung ging zunächst nicht auf. Nachdem das aus Firmenmitteln finanzierte Modell 299 in einer Aufsehen erregenden Rekordzeit von nur neun Stunden zum 3300 km von Seattle entfernten Testgelände der Armee nach Ohio überführt worden war, ging das Flugzeug bereits während der Tests im Jahr 1935 zu Bruch. Major Plower Hill, der Cheftestpilot der Luftwaffe, versäumte es vor dem Start zum letzten Testflug am 30. Oktober 1935, die Verriegelung der Höhen-

■ Die B-17 wurde zu einer Legende der amerikanischen Luftfahrt. Diese B-17G der »Collings Foundation« wird alljährlich auf Flugschauen im ganzen Land präsentiert.
Foto: Collings Foundation

ruder zu deaktivieren. Das Flugzeug stürzte deshalb aus einem überzogenen Flugzustand ab, wobei der Pilot und ein Beobachter von Boeing ums Leben kamen.

Bis zu dieser Katastrophe hatte die 299 hervorragende Leistungen gezeigt und die Konkurrenz regelrecht deklassiert. Es mag den Boeing-Chefs zunächst als Revanche für den sich abzeichnenden Erfolg der DC-2 erschienen sein, dass sich unter den in jeder Hinsicht hinterherfliegenden Mitbewerbern mit der Douglas DB-1 auch eine Ableitung des zweimotorigen Airliners befand.

Trotzdem gab es wieder eine herbe Niederlage für Boeing. Da das Unternehmen über kein Ersatzflugzeug verfügte, ging zunächst die DB-1 als Sieger aus dem Vergleichsfliegen hervor, und die Armee bestellte 133 Exemplare unter der Bezeichnung B-18. Boeing stand am geschäftlichen Abgrund, denn das Unternehmen hatte einen Großteil seines Kapitals in dieses Projekt gesteckt.

Doch bereits acht Wochen später, im Januar 1936, wandte sich die Armee angesichts der wachsenden Kriegsgefahr wiederum an Boeing und bestellte 13 Vorserienflugzeuge eines viermotorigen Bombers unter der Bezeichnung YB-17. Langfristig war es für die Armee unmöglich, die überragenden Leistungen des Flugzeuges zu ignorieren.

Diese Bestellung kam überraschend für Boeing, und so musste quasi über Nacht ein neues Modell für zusätzliche Windkanalversuche hergestellt werden. Schließlich hatte es sich beim Modell 299 nur um einen Prototyp gehandelt. Erst ein Team von Konstrukteuren unter der Leitung von Edward C. Wells machte aus dem nicht mehr vorhandenen Prototyp einen einsatztauglichen Bomber. Das Resultat war etwa sieben Tonnen schwerer, aber auch fast 50 km/h schneller als das Ausgangsmuster. In der Hauptsache erreichte man diese Leistungssteigerung durch den Einbau stärkerer Motoren vom Typ Wright Cyclone.

Mit der »Flying Fortress« zum Erfolg

Am 19. Oktober 1936 rollte die erste YB-17 aus der Halle, flog am 2. Dezember zum ersten Mal und wurde bereits im Januar 1937 an die Luftwaffe in Wright Field zur weiteren Erprobung übergeben. Während die Luftwaffe das erste Bombergeschwader in Virginia aufbaute, arbeitete man bei Boeing bereits an der Weiterentwicklung des Typs, denn das Militär hatte bereits sein Interesse an weiteren Flugzeugen signalisiert. Vor allem der Einbau von

■ Die viermotorige XB-15 war mit einer Spannweite von 45 Metern und einer Länge von 26,5 Metern eines der größten Flugzeuge ihrer Zeit. *Foto: NASA*

■ Diese Zigarettenkarte aus den 40er-Jahren zeigt eines von 13 Vorserienmustern der »Flying Fortress«, eine YB-17.
Foto: Archiv Gerresheim

Turboladern sorgte bei der B-17 für einen gewaltigen Leistungszuwachs. Immer wieder gingen bei Boeing neue Bestellungen ein, doch die eigentliche Feuertaufe blieb den Flugzeugen und ihren Besatzungen zunächst erspart.

Ihren Namen »Flying Fortress« – »Fliegende Festung« – erhielt die Maschine übrigens von der lokalen Presse in Seattle. Ein Journalist hatte bereits nach dem Roll-Out der Boeing 299 am 17. Juli 1935 begeistert von einer »Fliegenden Festung« geschrieben, und die Firma Boeing hatte nicht gezögert, diesen Namen für die Vermarktung des Typs zu übernehmen. Er traf allerdings erst zu, nachdem Bordbewaffnung und Panzerung der Maschine aufgrund von schlechten Erfahrungen der britischen *Royal Air Force* bei den ersten Kampfeinsätzen der B-17 im Juli 1941 erheblich verstärkt worden war.

Erst mit der Einführung der Versionen B-17F und G – es waren beinahe neue Flugzeugtypen – wurde die »Flying Fortress« zu einem der leistungsstärksten und robustesten Kampfflugzeuge der alliierten Luftwaffen. Waren die Flugzeuge zunächst einzeln oder dutzendweise bestellt worden, so wurden jetzt gleich Kaufverträge für Hunderte von Maschinen abgeschlossen. Dabei war es nicht nur ihre Leistungsfähigkeit, die die B-17 berühmt machte, sondern auch ihre Fähigkeit, trotz schwerer Beschädigungen ihre Besatzung noch sicher nach Hause zu bringen. Die Japaner fürchteten den Bomber so sehr, dass sie ihm den Beinamen »Viermotoriger Jäger« gaben. Mit ihrer umfangreichen Defensivbewaffnung eignete sich die B-17 außerdem dazu, auch bei Tageslicht die groß angelegten Luftangriffe auf deutsche Städte zu machen.

Die Produktionsrate erhöhte sich ständig. Im März 1944 rollten bei Boeing in nur einem Monat 362 Flugzeuge dieses Typs aus den Fertigungshallen. An einem Tag gelang es sogar, innerhalb von 24 Stunden nicht weniger als 16 Flugzeuge fertig zustellen. Dies wäre nicht möglich gewesen ohne den Einsatz von Tausenden von Frauen während des Kriegs, die unter dem Spitznamen »Rosie the Riveter« – »Rosie, die Nieterin« – schnell in die Firmengeschichte eingingen. Insgesamt war die B-17 mit mehr als 12.000 produzierten Exemplaren der meistgebaute Bomber des Zweiten Weltkriegs, wobei Vega und Douglas 5500 Flugzeuge unter Lizenz fertigten.

Auch nach Kriegsende standen noch zahlreiche B-17 im Einsatz, wie zum Beispiel die B-17H als Flugzeug für den Such- und Rettungsdienst der Luftwaffe. Auf Flugschauen in Europa und den USA bestaunen die Besucher bis in unsere Tage regelmäßig Exemplare dieser beeindruckenden Maschine im Flug.

»Superfortress« und Schulflugzeuge

Noch bevor die Vereinigten Staaten aktiv in den Krieg eintraten, hatten die Verantwortlichen bei Boeing erkannt, dass die B-17 nicht den Endpunkt der Entwicklung von Langstreckenbombern bildete. So traf es die Flugzeugbauer vom Lake Union auch nicht überraschend, als die Luftwaffe im Februar 1940 einen neuen, leistungsfähigeren Bomber ausschrieb. Postwendend präsentierten Boeings Konstrukteure einen Entwurf, den die Luftwaffe vom Reißbrett weg in großer Zahl orderte.

Die großen Entfernungen im pazifischen Kriegsgebiet machten einen Bomber mit großer Reichweite für die Militärstrategen zu einer absoluten Notwendigkeit. Die B-29 erfüllte all diese Voraussetzungen, denn sowohl in Geschwindigkeit und Reichweite als auch bei der Nutzlast übertraf sie die B-17 bei weitem. Die Maschine war das schwerste bis dahin in Serie gefertigte Flugzeug und verfügte als erster in großer Stückzahl produzierter schwerer Bomber über eine Druckkabine, so dass auch die extremen Langstreckenflüge in großer Höhe für die Besatzungen erträglich wurden.

Allerdings gab es bei der Entwicklung anfängliche Probleme, die vor allem die Motoren betrafen. Es war auch ein Motorenbrand, der am 18. Februar 1943 zu einer Katastrophe führte, als einer der Prototypen in eine Fabrik in der Nähe vom »Boeing Field« stürzte. Neben dem Cheftestpiloten Eddie Allen und weiteren elf Besatzungsmitgliedern starben auch 19 Menschen auf dem Boden. Trotz der daraus folgenden Verzögerung wurde die Entwicklung vorangetrieben und die erste Maschine noch im Jahr 1943 an die Luftwaffe ausgeliefert.

Von 1943 bis zum Produktionsende im Jahr 1946 wurden insgesamt 2766 Maschinen der B-29 »Superfortress« in Wichita und Renton gefertigt, dazu kamen noch 1204 Exemplare im Lizenzbau bei Martin und Bell. Zweifelhafte Berühmtheit erlangten diese Flugzeuge, als sie im August 1945 die verheerenden Atombomben auf Hiroshima und Nagasaki abwarfen und damit Japan zur Kapitulation zwangen.

Mit der B-17 und der B-29 brachten die Vereinigten Staaten ihre volle Wirtschaftskraft in den Zweiten Weltkrieg ein und wendeten das Blatt an den wichtigsten Kriegsschauplätzen in Europa und Asien zugunsten der Alliierten. Ein weiterentwickeltes Modell der

■ **Die B-29 bildete das Rückgrat der amerikanischen Bomberflotte im Pazifik. Hier ein restauriertes Exemplar der texanischen »Confederate Air Force« im Flug.** *Foto: Boeing*

»Superfortress«, die B-50, stand noch bis 1953 für die Luftwaffe in Produktion.

Mit dem Erwerb der *Stearman Aircraft Company* im Jahre 1934 hatte sich Boeing auch als einer der führenden Hersteller von Schulflugzeugen in den USA etabliert. Kaum ein amerikanischer Pilot im Zweiten Weltkrieg, der seine ersten Flüge nicht auf einem Stearman-Flugzeug absolviert hatte. 1934 bestellten die Marineflieger die ersten 61 Exemplare des einmotorigen Doppeldeckers »Kaydet«. Drei Jahre später folgte die Luftwaffe mit 37 Bestellungen einer verbesserten Version, dem Modell 75. Dieser Typ wurde zu einer Legende in der amerikanischen Luftfahrt, von dem Stearman bis zum Ende des Krieges insgesamt 8429 Exemplare baute. Noch heute dürfen die Flugzeuge unter der Bezeichnung »Stearman« in keiner amerikanischen Oldtimerkollektion fehlen. Im Jahr 1941 wurde aus der »Stearman Aircraft Division« offiziell die »Wichita Division« der Firma Boeing.

Von Kontinent zu Kontinent

Zwar sammelte Boeing in den 30er- und 40er-Jahren wertvolle Erfahrungen mit dem Bau von Großflugzeugen, doch Douglas hatte sich derweil als Hauptproduzent von Transportflugzeugen für die Streitkräfte etabliert. Diese Flugzeuge waren natürlich später auch für den zivilen Luftverkehr bestens geeignet, was für lange Zeit Erfolge Boeings auf diesem Markt verhinderte.

Dabei baute Boeing auch stets Verkehrsflugzeuge. Bereits 1935 hatten Ingenieure von *Pan American Airways* und Boeing die Möglichkeiten zum Bau eines Langstreckenflugbootes für den Transpazifik- und den Transatlantikverkehr diskutiert. Beide Seiten sahen durchaus Möglichkeiten, unter Verwendung von Tragflächen und Motoren der XB-15 die Entwicklung eines derartigen Flugzeuges in Angriff zu nehmen.

Die Nachfrage nach solchen Flügen war sehr groß. Allein eine einzige Zeitungsanzeige von Pan American bewirkte nicht weniger als 1000 Anfragen. Die Zeit war reif für solche Flugdienste, doch stellte sich schon bald heraus, dass die bisher benutzten Flugboote vom Typ Sikorsky S-42 und Martin 130 nicht mehr in der Lage waren, den Bedarf zu befriedigen.

Ein Flugzeug mit größerer Reichweite und Nutzlast musste her, und Pan American brachte im Februar 1936 eine entsprechende

■ **Ein Boeing 314 »Clipper« Flugboot, wie Pan American Airways es in zwölf Exemplaren für seine Langstrecken bestellte.** *Foto: Boeing*

■ Der Prototyp der gewaltigen Boeing 314 auf einem Testflug. Der linke äußere Motor ist stillgelegt. *Foto: Boeing*

Ausschreibung auf den Weg. Innerhalb von nur 14 Monaten sollte ein Flugzeug entstehen, dass eine Nutzlast von mindestens fünf Tonnen mit einer Geschwindigkeit von 240 km/h oder mehr über den Atlantik beziehungsweise Pazifik befördern konnte. Dabei sollte es einen bisher nicht gekannten Luxus bieten. Eine schwierige Aufgabe. Deshalb gab Boeing zunächst bekannt, dass man ein solches Projekt angesichts anderer Verpflichtungen zurzeit nicht verwirklichen könne. Schließlich hatte das Unternehmen gerade den lukrativen Armee-Auftrag für die YB-17 erhalten.

Welwood Beall, leitender Ingenieur bei Boeing, wollte sich mit dieser Entscheidung nicht abfinden und begann in seiner Freizeit, ein Flugboot zu entwerfen. Die Geschäftsleitung von Boeing war vom Resultat so beeindruckt, dass sie Pan American dazu überredete, die Frist für die Ausschreibung zu verlängern. Anfang Mai 1936 legten die Flugzeugbauer aus Seattle der Fluglinie die von einem elfköpfigen Team erarbeiteten Pläne vor und hatten schließlich Erfolg: Am 31. Juli bestellte Pan American Airways zunächst sechs Flugzeuge des Typs Boeing 314 mit Optionen auf weitere sechs Exemplare. Der Wert des Auftrags betrug zu dieser Zeit astronomische 4,8 Millionen Dollar.

Selbst nach heutigen Maßstäben war die Boeing 314, die am 7. Juni 1938 erstmals flog, ein imposantes Flugzeug: Mit einer Länge von 32 m und einem Maximalgewicht von mehr als 37 Tonnen stellte sie die meisten Flugzeuge ihrer Zeit buchstäblich in den Schatten. Der Termin für den geplanten Erstflug hatte sich schon in Seattle in Windeseile herumgesprochen, so dass sich am Ufer der Elliott Bay Tausende von Menschen drängten, als der Gigant erstmals startete.

Natürlich gab es bei einem so gewaltigen Unterfangen auch einige Probleme, vor allem mit der Steuerung und der Stabilität auf dem Wasser. Diese behoben die Techniker jedoch schnell, und am 27. Januar 1939 konnte Boeing die ersten beiden Flugzeuge »Honolulu Clipper« und »California Clipper« an Pan American aus-

■ Schon bald zierte eine Zeichnung des »Clipper« die Transatlantik-Flugpläne von Pan American Airways. Hier die Ausgabe vom Winter 1939/40.

Foto: Museum of Flight

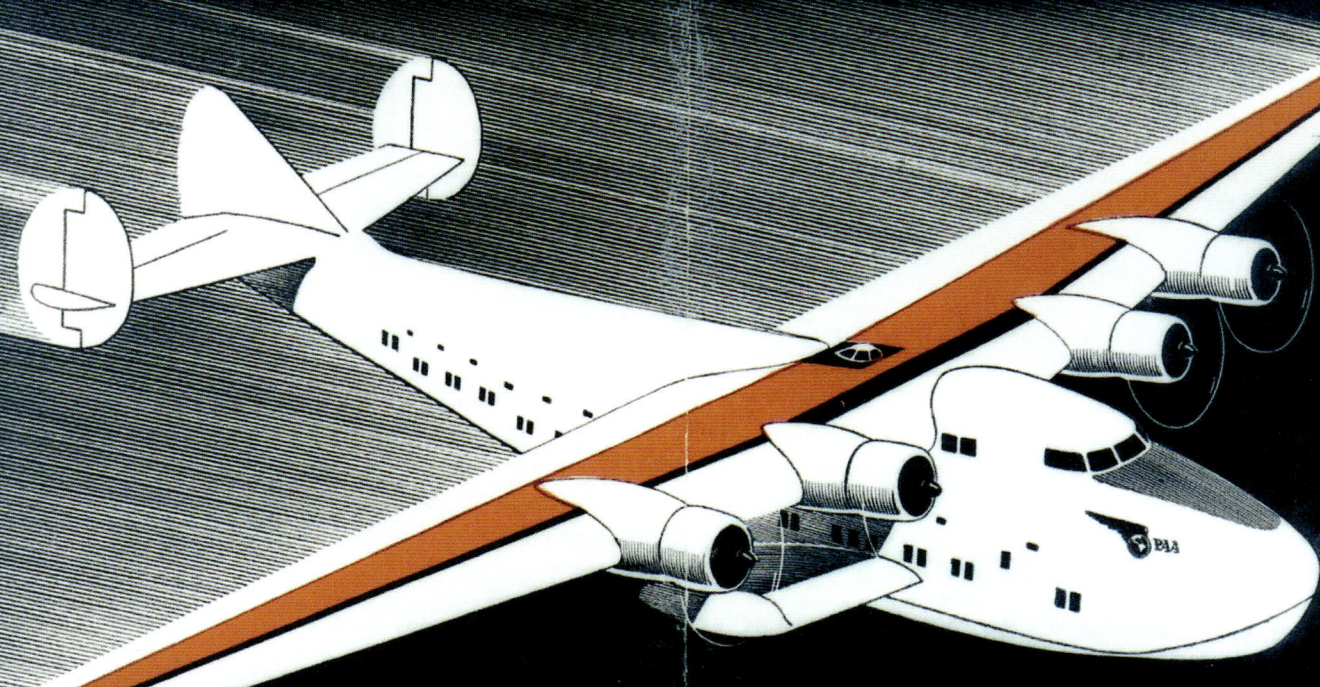

liefern, die damit nur kurze Zeit später, am 23. Februar desselben Jahres, den Pazifikverkehr aufnahm. Mit einer Reichweite von 7900 km war die Boeing 314 das ideale Flugzeug für das wachsende Netz von Pan American im Pazifik, und schon bald flogen die gigantischen Flugboote regelmäßig auf Routen wie San Francisco–Hongkong oder Los Angeles–Auckland.

Den ersten Atlantikdienst eröffnete Pan American am 20. Mai 1939. »Yankee Clipper« transportierte eine Tonne Post von New York nach Marseille mit Zwischenlandungen auf den Azoren und in Lissabon. Die Nordroute nach Southampton in England eröffnete man am 24. Juni desselben Jahres, dicht gefolgt vom ersten Passagierdienst auf der Südroute vier Tage später. Von nun an wurde der Linienverkehr über den Nordatlantik zur regelmäßigen Einrichtung.

Es gab nur wenige Probleme mit dem Flugzeug und im Oktober 1939 wandelte Pan American die sechs bestehenden Optionen in Festbestellungen um. Die neuen Flugzeuge hatten stärkere Motoren, größere Tanks und eine etwas höhere Reisegeschwindigkeit.

Schnell bekamen die Clipper einen legendären Ruf, denn beim Bordservice glichen die Flugboote eher Schiffen als Flugzeugen, wie wir sie heute kennen. Der Service war erstklassig. An Bord gab es Umkleideräume, einen Salon für die Mahlzeiten, eine Bar und sogar eine Suite für Hochzeitsreisende. Große Fenster eröffneten den Fluggästen spektakuläre Ausblicke. Die Mahlzeiten lieferten berühmte Hotels.

Jeder, der sich ein Ticket leisten konnte, war nun, wie die Werbung vollmundig proklamierte, »ein Charles Lindbergh« – mit einem Cocktail in der einen und dem letzten Exemplar des Time Magazine in der anderen Hand. Charles Lindbergh selbst hätte sich diesen Luxus zurzeit seiner legendären Atlantiküberquerung allerdings nicht leisten können. Ein Rückflugticket mit einem Pan-American-Clipper kostete stolze 675 Dollar, das entspricht nach heutigem Wert etwa dem doppelten Preis eines Concorde-Fluges. Trotzdem waren die Flugzeuge gut gefüllt: Im Atlantikverkehr beförderten die Flüge durchschnittlich 40 Passagiere und gut zwei Tonnen Fracht und Post. Auch die Pazifikstrecken mit exotischen Zielen wie Fidschi, Guam, Manila oder Noumea waren meist gut gebucht.

Einmal um die ganze Welt

Mit dem Angriff der Japaner auf Pearl Harbour im Dezember 1941 verloren die Reiseziele der Clipper jedoch von einem Tag auf den anderen ihren exotischen Reiz und wurden schnell zu hart um-

■ Die Clipper-Flugboote der Pazifikrouten von Pan American waren in San Francisco stationiert. Das historische Farbbild stammt aus dem Jahr 1939. *Foto: Boeing*

kämpften Kriegsschauplätzen. Den »Pacific Clipper« überraschte der Ausbruch des Krieges im Anflug auf Neuseeland. Flugkapitän Robert Ford und seine zehnköpfige Besatzung versuchten sofort, über die amerikanische Botschaft in Auckland Kontakt mit der Pan-American-Zentrale in New York aufzunehmen.

Eine Woche später fiel die Entscheidung: Rückflug über die ungefährlichere Route über Asien und Afrika! Nachdem man zuvor noch das Personal der Fluggesellschaft von Noumea nach Australien evakuiert hatte, machte sich »Pacific Clipper« am 17. Dezember 1941 auf den langen Weg nach Hause. Da Pan American entlang der geplanten Route über keinerlei Infrastruktur verfügte, musste die Besatzung alles selber in die Hand nehmen. Als Navigationskarte diente ein normaler Atlas. Selbst das Geld für

Treibstoff und andere Ausgaben musste die Crew selbst beschaffen. Zum Glück kam ein Bankangestellter in Australien zu Hilfe, der kurzerhand 500 Dollar aus seinem Safe nahm und sie den verdutzten Piloten übergab.

Unter abenteuerlichen Umständen, deren Beschreibung allein schon ein ganzes Buch füllen würden, ging die unfreiwillige Weltreise weiter über Indonesien und Ceylon nach Karatschi, dann weiter über Bahrain und Khartoum nach Leopoldville in Belgisch Kongo, wo die Besatzung endlich von einem Repräsentanten der Pan American in Empfang genommen wurde. Nächstes Ziel war Natal an der brasilianischen Küste, gefolgt von Trinidad und schließlich New York LaGuardia, wo »Pacific Clipper« am 6. Januar 1942 landete.

■ Dieser Briefumschlag war beim ersten Luftpostflug von New York nach Marseille auf der südlichen Atlantikroute an Bord.
Foto: Archiv Gerresheim

Besatzung und Flugzeug hatten unfreiwillig Luftfahrtgeschichte geschrieben: Dies war die erste Weltumrundung und der längste durchgehende Flug eines zivilen Verkehrsflugzeuges. In 209 Stunden und mit 18 Zwischenlandungen hatte man 50.700 km zurückgelegt und dabei zwölf Staaten auf fünf Kontinenten berührt. Die Überquerung des Südatlantiks von Afrika nach Brasilien war mit einer Distanz von 5766 km der längste Non-Stop-Flug in der Geschichte der Pan American.

Wenn es noch einer Bewährungsprobe für die Boeing 314 bedurft hätte – dies wäre sie gewesen! Bei minimaler Wartung hatte es auf der Strecke nur einen Motorenausfall gegeben, kurz nach dem Start von Ceylon. Dabei hatte man unterwegs kaum Möglichkeiten gehabt, vorschriftsmäßig Öl oder Zündkerzen zu wechseln, und einmal musste man sogar mit normalem Autotreibstoff fliegen, weil nicht genügend Flugbenzin zur Verfügung stand.

Diese abenteuerliche Geschichte leitete eine Phase ein, in der die Clipper militärischen Zwecken dienten. Staatsmänner wie Churchill und Roosevelt flogen mit der 314 zu wichtigen Treffen. Es gab kein anderes Flugzeug, dass über eine höhere Nutzlast und Reichweite verfügte. Die britische BOAC hatte schon im Mai 1941 drei Clipper übernommen und führte bis zum Kriegsende rund 600 Transatlantikflüge mit Personal und kriegswichtigem Material durch. Auch die verbleibenden neun Flugzeuge der Pan American flogen nun ausschließlich im Regierungsauftrag.

Mit dem Kriegsende kam auch das unvermeidliche Ende der Clipper-Flugboote. Nach einem kurzen Gastspiel bei verschiedenen Charterfluggesellschaften stellte man die Maschinen nach und nach außer Dienst. Die letzten Exemplare wurden im Jahr 1952 in San Diego eingemottet und kurze Zeit später verschrottet. Keines dieser einst so stolzen Flugzeuge blieb der Nachwelt erhalten. Die Entwicklung der schnelleren Landflugzeuge hatte gewaltige Fortschritte gemacht und ließ die Flugboote schnell als Dinosaurier aus einer vergangenen Zeit erscheinen.

■ Wie diese Reisebüro-Weltkarte aus dem Jahr 1941 zeigt, baute Pan American mit Hilfe der Clipper ein weltweites Streckennetz auf.

Foto: Museum of Flight

Von der »Flying Fortress« zum »Stratoliner«

Die rasante Entwicklung der landgestützten Verkehrsflugzeuge hatte schon Mitte der 30er-Jahre ihren Anfang genommen. Fluggesellschaften und Hersteller waren sich darüber einig, dass Flugzeuge in Zukunft in größeren Höhen fliegen mussten, um vom Wetter unabhängiger und damit zuverlässiger und pünktlicher zu sein. Bereits im Jahr 1935 hatte Boeing-Chef C.L. Egtvedt verfügt, auf eigenes Risiko ein solches Flugzeug zu entwickeln. Wie er spä-

ter einmal erzählte:»Jeder, der den viermotorigen B-17 Bomber sah, sagte: 'was man für ein Transportflugzeug daraus machen könnte...'. Was sie nicht wussten war, dass wir bereits zu dieser Zeit daran arbeiteten.«

Drei Jahre später, am 31. Dezember 1938, flog das Modell 307 »Stratoliner« zum ersten Mal. Tragflächen, Motoren und Leitwerk stammten von der B-17C, den Rumpf mit Druckkabine hatte man unter großem Aufwand neu entwickelt. Boeing betrat in vieler Hinsicht technisches Neuland, und dies auch noch angesichts fi-

■ Diese Werbebroschüre von Boeing kündigt mit dem Modell 307 stolz das »Flugzeug der Zukunft« an.
Foto: Museum of Flight

nanzieller Schwierigkeiten. Teilweise improvisierten die Konstrukteure, um die technischen Probleme zu lösen. Sie setzten sich dabei mit Fragen auseinander, deren Antworten uns heutzutage als selbstverständlich erscheinen: Wie muss eine Druckkabine in dieser Größe strukturell beschaffen sein? Die einfache Antwort war eine runde Kabine mit gleichmäßiger Druckverteilung, wobei kritische Punkte verstärkt wurden. Oder: Wie kann man den Kabinendruck kontinuierlich regulieren? Dieses Problem schafften die Ingenieure aus der Welt, indem sie Kompressoren an die Motoren anschlossen, die über ein kompliziertes Regelsystem die Kabine mit Druck versorgten.

Die komplexen Systeme der Maschine verlangten außerdem zum ersten Mal bei einem landgestützten Verkehrsflugzeug das Mitführen eines Bordingenieurs.
Insbesondere TWA zeigte großes Interesse an dem neuen Typ. Die Fluglinie bestellte im Februar 1937 für ihre transkontinentale Strecke von New York nach Los Angeles sechs Exemplare und platzierte zusätzlich Optionen auf weitere sieben Stück. Um den Auftrag im Wert von 1,6 Millionen Dollar zu finanzieren, suchte die Airline die Unterstützung des Millionärs Howard Hughes. Dieser akzeptierte, zweigte jedoch für sich selbst eine der Maschinen für den Privatgebrauch ab – er plante eine Weltumrundung – und lei-

■ Die Stratoliner verfügte über eine Druckkabine und konnte in einer für die damalige Zeit großen Flughöhe von 8000 Metern operieren.
Foto: Boeing

tete damit eine viele Jahre andauernde Zusammenarbeit mit TWA ein. Fast gleichzeitig orderte auch Pan American zunächst zwei, später zwei weitere Exemplare für ihre Karibik- und Südamerikadienste.

Leider mussten beide Gesellschaften auf die Auslieferung ihrer Flugzeuge warten, denn im März 1939 stürzte der Prototyp in der Nähe von Seattle ab, wobei alle 13 Insassen ums Leben kamen. Bei einer Vorführung für die niederländische KLM geriet das Flugzeug ins Trudeln und brach beim Abfangmanöver auseinander. Erst nach einigen Modifikationen nahm Boeing die Testflüge im Mai 1939 wieder auf. Aber es sollte noch ein Jahr dauern, bis

der Stratoliner das Lufttüchtigkeitszeugnis der Luftfahrtbehörde erhielt.

TWA erhielt ihre Maschinen zwischen April und Mai 1940. Am 27. Mai 1940 taufte der Chef der TWA, T.B. Wilson, die Flugzeuge offiziell auf die Namen »Cherokee«, »Comanche«, »Zuni«, »Apache«

■ **Folgende Doppelseite: Noch heute fliegen zahlreiche der zuverlässigen Stearman-Doppeldecker auf der ganzen Welt. Diese Maschine wird in Großbritannien für Stuntflüge eingesetzt.**
Foto: H. Gerresheim

■ Trans World Airlines war Erstkunde für die Boeing 307 und setzte sie ab Sommer 1940 auf ihren Inlandsstrecken ein.
Foto: Museum of Flight

und »Navajo«. Danach standen die Stratoliner in Washington der Öffentlichkeit zur Besichtigung offen. Das Echo war überwältigend: In vier Tagen nutzten rund 100.000 Besucher diese Möglichkeit. Am 8. Juli 1940 fand nach ein paar Streckenerprobungsflügen schließlich der erste Linienflug von New York nach Los Angeles statt mit Zwischenlandungen in Chicago, Kansas City und Albuquerque.

Das Flugzeug war ein voller Erfolg. Schon im September 1940 beförderte TWA 673 Passagiere auf dieser Strecke, während der Konkurrent American Airlines mit seine DC-3 nur 436 Fluggäste zählte – nach heutigen Maßstäben befördert so viele Passagiere ein einzige Jumbo-Jet. Auch Pan American, die ihre Stratoliner zwar früher erhalten aber später in Dienst gestellt hatte, war mit ihren Leistungen sehr zufrieden.

Unterwegs zwischen Ost- und Westküste

33 Passagiere auf Schlafsitzen fanden im Stratoliner Platz, der ausgesprochen komfortabel eingerichtet war. Endlich war es möglich, bequem und vom Wettergeschehen in niedrigeren Flughöhen weitgehend unbehelligt zu reisen. Die 307 war auch ein schnelles Flugzeug und bewältigte die Strecke von New York nach Los Angeles in 13 Stunden und vierzig Minuten, zweieinhalb Stunden schneller als American Airlines mit der DC-3. Eine holzverkleidete Kabine, großzügig dimensionierte Sitze und ein erstklassiger Service taten ein Übriges, um die Stratoliner zu einem bevorzugten Reisemittel für die Reichen und Berühmten zu machen. Doch nur 17 Monate nach der Einführung der Boeing 307 in den Liniendienst fanden sich die USA mitten in einem Zweifronten-

Krieg wieder und die Welt hatte nun andere Sorgen, als den Luxus einiger Weniger. So entstanden vom Erstflug am 31. Dezember 1938 bis zum Kriegsausbruch nur zehn Exemplare des Stratoliners.

TWA transferierte ihre fünf Exemplare an die Luftwaffe. Als Transportflugzeuge überquerten sie unter der Bezeichnung C-75 bis 1944 rund 3000 Mal den Atlantik, geflogen von TWA-Piloten. Hauptziele waren dabei Kairo und Prestwick in Schottland. Die Maschinen der Pan American blieben zwar im Besitz der Fluggesellschaft und beflogen auch die gleichen Routen, allerdings unter Federführung des militärischen Transportkommandos. Nur Howard Hughes schaffte es, seine 307 zu behalten und baute sie zu einem »Fliegenden Penthouse« um.

Nach Kriegsende übergab die Luftwaffe ihre Flugzeuge wieder an die TWA, die sie von Boeing überholen und modernisieren ließ. Nun ausgerüstet mit 38 Sitzen und weniger luxuriös eingerichtet, beflogen sie schon bald wieder die transkontinentale Route. Doch die Zeiten hatten sich geändert. Die größeren und schnelleren »Constellations« und Douglas Airliner waren nun weit überlegen. Anfang der 50er-Jahre wurden die Flugzeuge ausgemustert und an Chartergesellschaften in Europa und Asien verkauft.

Noch im Vietnam-Krieg wurden drei Exemplare dazu benutzt, Diplomaten zwischen den verfeindeten Parteien zu transportieren. In den Kriegswirren verlor sich die Spur dieser Flugzeuge. Als einziges Exemplar überlebte eine der Maschinen von Pan American. Sie wird derzeit in einer Halle auf dem »Boeing Field« restauriert. Später soll sie beim Nationalen Luft- und Raumfahrtmuseum in Washington ein neues zu Hause finden. Auch die Maschine von Howard Hughes überlebte – ihr Rumpf ist nun ein Hausboot in Florida!

Bedingt durch den Zweiten Weltkrieg erlangte die Boeing 307 nie die Bedeutung, die ihr aufgrund ihrer technischen Neuerungen zugestanden hätte. Aus heutiger Sicht erscheint die Maschine leider eher als eine Fußnote der Geschichte der Verkehrsfliegerei.

5. Aufbruch ins Jet-Zeitalter

Ende der Kriegsproduktion

In den 40er-Jahren gehörte Boeing noch nicht zu den etablierten Herstellern von Transportflugzeugen. Die DC-3 hatte Douglas zum Marktführer in diesem Bereich gemacht. Diese Position hatte das Unternehmen auch im Zweiten Weltkrieg konsequent weitergeführt. Viermotorige DC-4 und deren Militärversion C-54 prägten das Bild an den meisten Flughäfen, und die modernere Weiterentwicklung DC-6 war bereits im Bau. Auch bei Lockheed in Kalifornien wurde mit Hochdruck an der eleganten L-049 Constellation gearbeitet.

Bei Boeing prüfte man bereits seit 1942 die Möglichkeiten zum Bau eines großen Verkehrs- und Transportflugzeuges. Während des Krieges waren auf der ganzen Welt unzählige Flughäfen mit langen Startbahnen für die großen Bomber entstanden, und es war klar, dass die Zukunft nicht den gigantischen Flugbooten der 30er-Jahre gehören würde.

Wie bereits vor dem Krieg bei der B.307 nutzte Boeing Komponenten eines Bombers, in diesem Fall Flügel, Fahrwerk, Motoren und Leitwerk der B-29. Allerdings waren die Tragflächen erheblich leichter und stabiler, weil man eine andere Aluminiumlegierung verwendete. Der Flügelholm war ebenfalls leichter und kleiner, so dass man mehr Platz für größere Tanks aus leichtem Nylon-Material erhielt. Um die Motoren zwischen allen vier Positionen austauschbar zu machen, modifizierten die Konstrukteure die äußeren Motorgondeln. Das pneumatische Enteisungssystem ersetzte man durch ein elektrisches. Neu war natürlich auch der ge-

■ **Reisen in den 50er-Jahren: Die Passagiere einer »Stratocruiser« der United Airlines werden bei ihrer Ankunft in Honolulu gebührend empfangen.** *Foto: Boeing*

waltige Rumpf, der auf zwei übereinander liegenden Decks zehn Tonnen Fracht oder maximal 134 voll ausgerüstete Soldaten befördern konnte. Für die Kabine installierten die Ingenieure ein gegenüber der B.307 weiterentwickeltes Druck- und Klimasystem. Die Luftwaffe war auf Anhieb beeindruckt von dem Entwurf und bestellte im Januar 1942 zunächst drei Exemplare unter der Bezeichnung XC-97. Die Produktionskapazitäten von Boeing waren noch mit Bombern ausgelastet, deshalb dauerte es bis zum November 1944, bis das Modell 367 zum ersten Mal flog. Die Luftwaffe setzte die drei Flugzeuge zunächst nur zu Testzwecken ein. Am 9. Januar 1945 kam es im Rahmen dieser Flüge zu einem beeindruckenden Rekord, als eine XC-97 die Strecke von Seattle nach Washington in sechs Stunden und drei Minuten bewältigte. Beladen mit fast zehn Tonnen Nutzlast erreichte das Flugzeug dabei in einer Flughöhe von 10.000 m eine Durchschnittsgeschwindigkeit von 616 km/h. Das waren Leistungen, die man bis dahin nur von Bombern kannte. Im Juli desselben Jahres bestellte das Verteidigungsministerium zehn Vorserienmuster YC-97, um den Typ unter Einsatzbedingungen zu erproben. Äußerlich unterschie-

den sie sich vom Prototyp nur durch geänderte Motorgondeln. Allerdings verfügten die Vorserienmaschinen über größere Tanks und überarbeitete elektrische Systeme. Haupteinsatzgebiet der Flugzeuge war die Strecke von Travis Air Force Base in Kalifornien nach Hawaii. Ein Exemplar nahm auch im Jahr 1948 an der Berliner Luftbrücke teil.

Im März 1947 folgte schließlich die erste Bestellung über zunächst 27, später 50 Maschinen im Wert von je 1,16 Millionen Dollar. Dieser Auftrag war sehr wichtig für Boeing, denn wie schon nach dem Ende des Ersten Weltkrieges hatte das Ende der Kampfhandlungen im August 1945 einen wirtschaftlichen Einbruch für die USA bedeutet. Das Militär hatte die meisten der lukrativen Rüstungsaufträge storniert und binnen kürzester Zeit mussten Tausende von Mitarbeitern die Luftfahrtunternehmen im ganzen Land verlassen. Auch Boeing blieb von dieser Entwicklung nicht verschont. Von 69.884 Mitarbeitern blieb im Januar 1946 nur noch ein kläglicher Rest von 9506. Die Situation war dramatisch, und auch der o.g. Auftrag über 50 Maschinen hätte Boeing sicher nicht gerettet.

■ **Das erste große Nachkriegsprojekt von Boeing war das Modell 367/377. Hier ein Tankflugzeug vom Typ KC-97, wie es noch bis in den 70er-Jahren bei der Luftwaffe im Einsatz stand.** *Foto: Archiv Gerresheim*

■ Auch die israelische Luftwaffe flog einige KC-97, wie dieses Exemplar im israelischen Museum in Beer-Sheva zeigt. *Foto: A. Peiser*

Zum Glück erwies sich der »Stratofreighter« als ein ausgesprochen flexibles Flugzeug. Der Bedarf an Transportflugzeugen für die Luftwaffe war schnell gedeckt, doch suchte das strategische Luftkommando dringend nach Tankflugzeugen, um die Reichweite ihrer Bomberflotte zu erhöhen. Boeing zögerte nicht lange und erprobte bereits 1950 die erste Maschine mit einem selbst entwickelten Luftbetankungssystem. Im Gegensatz zu seinen Vorgängern – umgebauten B-29 und B-50 – war dieses Tankflugzeug immer noch in der Lage, auch als Frachter und Truppentransporter zu operieren. Dies war der Schlüssel zum Erfolg, denn mit der ersten Order über 60 KC-97E begann im selben Jahr eine kontinuierliche Reihe weiterer Bestellungen, die schließlich im Jahr 1956 mit der Auslieferung der 888. und letzten Boeing 367 endete. Immer wieder modifiziert und zur Steigerung der Geschwindigkeit sogar mit zwei zusätzlichen Strahltriebwerken versehen, standen die KC-97 noch bis weit in die 70er-Jahre hinein als Tanker im Einsatz.

Zukunft Zivilluftfahrt

Bei Kriegsende war der Erfolg der B.367 nicht abzusehen gewesen, und so wollte man sich bei Boeing nicht ausschließlich von Militäraufträgen abhängig machen. Der damalige Präsident des Unternehmens, William M. Allen, traf die einzig richtige Entscheidung in dieser Lage: Er setzte auf ein Projekt, das die Erfahrungen aus den Kriegsjahren mit innovativen Ideen zu verbinden suchte. Allerdings verfolgte man diese Entwicklung mit dem nötigen Augenmaß und verließ sich nicht auf Technologien, die noch nicht ausgereift waren. Was lag daher näher, als aus dem Modell 367 ein ziviles Model 377 zu entwickeln, die »Stratocruiser«. Außerdem sparte man auf diese Weise eine erhebliche Summe an Entwicklungskosten ein.

Im September 1945 fiel offiziell die Entscheidung zum Bau der B.377. Obwohl bis dahin noch keine festen Aufträge vorlagen, soll-

■ Der Prototyp der B.377 »Stratocruiser« im Flug. Boeing setzte große Hoffnungen auf dieses Projekt. *Foto: Boeing*

ten zunächst 50 Exemplare produziert werden. Dies ermöglichte Boeing, den Fluggesellschaften schon im Vorfeld ein festes Preisangebot zu machen. Außerdem hielt mit der definitiven Entscheidung zum Bau der Stratocruiser in den Werkhallen wieder eine Aufbruchstimmung und ein für den Fortbestand des Unternehmens dringend notwendiger Glaube an die Zukunft Einzug.

Am 28. November 1945 beendete Pan American Airways die Unsicherheit und bestellte 20 Flugzeuge zum damals sehr hohen

Preis von insgesamt 24,5 Millionen Dollar für ihre Strecken über den Atlantik nach Europa beziehungsweise den Pazifik nach Hawaii und Asien. Mit der Stratocruiser entstand nun endgültig das Gespann, das schon früher mit den Typen 307 und 314 begonnen hatte und die Geschichte des Luftverkehrs über lange Zeit bestimmen sollte: Boeing und Pan American.

Weitere Bestellungen folgten von *Swedish Intercontinental Airlines* (vier Maschinen im Februar 1946), *Northwest Airlines* (zehn Exemplare im März 1946), *American Overseas Airlines* (acht am 1.

■ Bereits im Jahr 1947 wid-
mete die amerikanische
Postverwaltung der »Stratocruiser« eine Briefmarke.
Foto: Archiv Gerresheim

April 1946), United Airlines (sieben Flugzeuge im August 1946) und schließlich als letzter Kunde im Oktober 1946 die britische BOAC mit sechs Stratocruisern. Nicht zuletzt dank großer Anstrengungen der Verkaufsleute von Boeing waren noch vor dem Erstflug 55 Flugzeuge verkauft. Der Hersteller hatte weder Kosten noch Mühen gescheut und landesweit in unübersehbaren Zeitungsanzeigen für das neue »Fliegende Luxushotel« geworben. Fliegen war immer noch ein komfortables Privileg der besser Verdienenden, wie Umfrageergebnisse bestätigten: 43 Prozent der Befragten erklärten, sie würden fliegen, wenn sie mehr Platz im Flugzeug hätten, während sich mehr als 30 Prozent über Vibrationen und Turbulenzen ärgerten. Auch Probleme mit dem Kabinendruck und das Fehlen von Schlafmöglichkeiten auf langen Strecken waren häufig geäußerte Kritikpunkte.

Genau hier wollten die Ingenieure und Verkäufer von Boeing ansetzen, um Reisende von der Schiene oder dem Schiff in die Flugzeuge zu locken. Auch die Fluggesellschaften wollten noch überzeugt werden, denn ihre Chefs waren meist Geschäftsleute, die ihren Blick fest auf ihre Bilanzen richteten. So entwickelte Boeing als erster Flugzeughersteller ein umfangreiches System der Kundenbetreuung, das die kommerzielle Luftfahrt bis heute prägt. Der Service von Boeing erstreckte sich sowohl auf die tech-

nische Betreuung und Ersatzteilbeschaffung als auch auf die Ausbildung von Personal und Beratung in verschiedensten Bereichen.

Von der Planung zur Praxis

Auch die Ingenieure von Boeing sahen sich mit einer großen Herausforderung konfrontiert. Der Bau der Stratocruiser war weit mehr als nur der Umbau eines Frachters. Die komplette Inneneinrichtung der Kabine musste neu entworfen werden und den hohen Standard bieten, den die vorausgegangene Werbung versprochen hatte. Umfangreiche Versuche zur Lärm- und Vibrationsdämmung wurden unternommen, selbst die Entwicklung und Erprobung der Sitze war ein aufwändiges Unternehmen, das nicht weniger als 100.000 Mannstunden in Anspruch nahm. Die Techniker versuchten sogar, den Fluggästen das Hören von Radiosendungen zu ermöglichen. Dazu sollten kleine Lautsprecher in die Kopfstützen integriert werden. Dieses Unterfangen scheiterte jedoch daran, dass man keine passenden Lautsprecher fand. Zusätzlich musste die Inneneinrichtung den zum Teil sehr unterschiedlichen Bedürfnissen der einzelnen Fluggesellschaften an-

■ Mit der Einführung ihrer Boeing 377 baute Pan American World Airways ihr Streckennetz zügig aus. Hier eine Maschine des Typs auf dem Düsseldorfer Flughafen. *Foto: Archiv Gerresheim*

gepasst werden. Bestuhlung, Farben und Materialien waren vollkommen unterschiedlich.

Der Aufwand für das neue Flugzeug war sehr groß. Legte man alle Blaupausen zusammen, die zur Entwicklung und Produktion der Stratocruiser und Stratofreighter entstanden, ergäbe sich eine Gesamtfläche von mehr als einer halben Million Quadratmeter!

Am 8. Juli 1947 war es endlich so weit: Die erste Boeing 377 »Stratocruiser« startete zu ihrem erfolgreichen Jungfernflug. Wie wichtig die Öffentlichkeit dieses Projekt in den USA nahm, bestätigt eine Luftpostbriefmarke, die bereits wenige Tage später, am 17. Juli 1947, erschien und einen Stratocruiser über San Francisco zeigte.

Die Flugerprobung war sehr umfangreich und aufwändig. Erstmals überwachten Boeings Ingenieure mit Hilfe der Telemetrie die Flugzeugdaten vom Boden aus. Nicht weniger als 49 Mitarbeiter waren allein damit beschäftigt, den enormen Wust an Daten-

material aus den Testflügen zu bearbeiten. Dieser Aufwand machte die B.377 zum meistgetesteten Flugzeug ihrer Zeit.

Gleichzeitig kämpfte Boeing mit anderen Problemen. Kurz nach dem Krieg waren wichtige Materialien knapp und verzögerten die Fertigung der Flugzeuge. Außerdem gab es einen Streik, der die Werke in Seattle für 140 Tage lahm legte. Zeitweise mussten die Maschinen nach Wichita ausweichen, um das Testprogramm weiterzuführen.

So dauerte es bis zum 31. Januar 1949, ehe Pan American die erste Maschine übernehmen konnte. Bereits seit 1948 besaß die Gesellschaft einen eigens für den Stratocruiser entwickelten Flugsimulator, den Ersten seiner Art.

Aufgrund der hohen Erwartungen war der Presserummel entsprechend groß, als am 1. April 1949 die erste Maschine der *Pan American World Airways* in San Francisco zum Linienflug nach Honolulu startete. Zwei Monate später flogen Stratocruiser auch

■ Die »Stratocruiser« bildete eine Fortsetzung des mit
den Clipper-Flugbooten in
der Zivilluftfahrt eingeführ-
ten Luxusstandards. Hier im
Bild das berühmte Bar-
Abteil im unteren Rumpf.
Foto: Boeing

den luxuriösen »President«-Service zwischen New York und London. Im Laufe der Zeit rüstete Pan American die zehn Flugzeuge der Atlantic Division mit zusätzlichen Tanks und verbesserten Turboladern nach, um die Strecken von und nach Europa auch bei ungünstigen Wetterbedingungen nonstop zurückzulegen. Juan Trippe, Gründer und damals Chef von Pan American, war mit dem Muster so zufrieden, dass er die Flotte bis zum Jahr 1950 auf 29 Flugzeuge aufstockte. Acht waren durch den Erwerb von *American Overseas Airways* – seit Juni 1946 übrigens der zweite Käufer dieses Typs – hinzugekommen und im Oktober 1950 kaufte man von Boeing auch noch den Prototyp.

Nach dem Dinner in die Cocktail-Lounge

Schnell sprach sich herum, dass die Werbestrategen von Boeing nicht übertrieben hatten, als sie die Vorzüge des Stratocruiser so vollmundig priesen. Die Maschinen setzten die luxuriöse Flugboot-Ära im Bereich der Landflugzeuge fort. Sie boten 50 bis 70 Passagieren Platz und verfügten über Sitze, die zu Betten umgebaut werden konnten. Unter der Deckenverkleidung waren ebenfalls herausklappbare Schlafkojen installiert. So standen für Nachtflüge bis zu 28 geräumige Betten zur Verfügung. Im Oberdeck befanden sich getrennte Waschräume für Damen und Herren sowie eine großzügig ausgestattete Küche. Ein besonderer Clou und bei den Passagieren äußerst beliebt war die Cocktail-Lounge im hinteren Unterdeck gleich hinter der Tragfläche, die sie über eine Wendeltreppe erreichten. Selbst die Arbeits- und Ruheräume für die Besatzung waren äußerst großzügig dimensioniert.

Große Propeller sorgten für eine niedrige Drehzahl der Motoren reduzierten auf diese Weise die Belästigung durch Lärm und Vibrationen. Dazu kam noch der Vorteil, dass die Stratocruiser schneller und höher flogen als ihre Konkurrenten. Mit einer

■ **Ab 1951 setzte die britische BOAC die Boeing 377 auf ihrem luxuriösen »Monarch«-Dienst zwischen London und New York ein.**

Foto: Archiv Gerresheim

Reisegeschwindigkeit von knapp 550 km/h und einer Dienstgipfelhöhe von 10 km verkürzten sie die Flugzeiten auf Langstrecken zum Teil erheblich.

Die hohen Kosten, die dieser Gigant der Lüfte für die PanAm erzeugte, deckte allerdings nur eine reine First-Class-Bestuhlung. Dieser Luxus hatte seinen Preis: Für ein Flugticket in der President-Class von New York nach London zahlten die Passagiere einen Zuschlag von fünfzig Dollar, damals eine nicht gerade kleine Summe. Trotzdem waren die Flugzeuge im Atlantikverkehr mit durchschnittlich 60 bis 70 Prozent ausgelastet.

Den Weg des luxuriösen Fortbewegungsmittels ging auch der einzige Auslandskunde für die Stratocruiser, die britische BOAC, die im Jahr 1946 zunächst sechs Exemplare für ihren »Monarch«-Service zwischen London und New York sowie für Strecken nach Afrika und in die Karibik bestellte. In der Bordküche bereiteten die Stewards erlesene Menüs für die Fluggäste zu, wobei man erstmals – wie auch bei Pan American – auf bereits vorbereitete und teilweise eingefrorene Gerichte zurückgriff. So versprach zum Beispiel die Speisekarte auf einem Transatlantikflug der BOAC folgende kulinarische Köstlichkeiten: Kaviar, Schildkrötensuppe und schottischer Räucherlachs, gefolgt von Huhn mit Wiltshire-Schinken und frischen Erbsen. Erdbeeren mit Sahne, eine Käseplatte und Früchte der Saison bildeten den Abschluss des Abendmenüs. In der Cocktailbar wurden nach dem Abendessen Cocktails, Champagner und Spirituosen ausgeschenkt, für Monarch-Passagiere natürlich kostenlos. Zum Abschluss gab es für die Herren noch eine spezielle »Monarch-Krawatte« als Geschenk. Beim Konkurrenten Pan American erhielten übrigens die Damen Parfum und Orchideen, während man die Männer mit Zigarren verwöhnte.

■ Auf der Strecke von Anchorage nach Manila wurde dieses Zeugnis von Northwest Orient Airlines ausgestellt. Es bestätigt, dass der Passagier am 30. Mai 1949 die Datumsgrenze überflogen hat. *Foto: Museum of Flight*

Als die im Jahr 1952 mit der Einführung der Comet eingeleitete Jet-Ära im Luftverkehr nach einigen katastrophalen Unfällen vorübergehend ein jähes Ende nahm, erwarb BOAC noch weitere Stratocruiser, bis die Flotte schließlich im Jahr 1954 aus 17 Flugzeugen bestand. Bereits 1952 wurde der Monarch-Service auf der Atlantikstrecke durch den weniger elitären »Mayflower«-Dienst ergänzt, der in der Touristenklasse 81 Fluggäste aufnehmen konnte.

Die in Minneapolis beheimatete Northwest Airlines erhielt die erste ihrer zehn B.377 am 22. Juni 1949. Diese Flugzeuge bedienten auch Inlandsrouten in den USA und verfügten als Einzige über ein Wetterradar unter dem Rumpfbug. Außerdem waren die Fenster im Rumpf im Gegensatz zu den früheren Mustern rechteckig; gleiche Fenster erhielten auch die sieben Exemplaren, die Boeing ab 1949 an United Airlines auslieferte. American Overseas Airlines bediente mit zehn Stratocruisern ihre Strecken von New York nach London, Amsterdam und Frankfurt, bis Pan American im September 1950 den Konkurrenten aufkaufte. Die von Swedish International, einem Vorläufer der heutigen SAS, bestellten Maschinen wurden nie ausgeliefert und gingen an die BOAC.

■ Ab 1963 wurden mehrere Boeing 367/377 zu Spezialtransportern umgebaut. Eine dieser »Super Guppys« transportiert noch heute Raketen- und Satellitenteile für die NASA. *Foto: NASA*

■ Zwischen 1971 und 1997 setzte der Boeing-Konkurrent Airbus Industries vier »Super Guppy 201« zum Transport von Komponenten zwischen den einzelnen Fertigungsstandorten ein. *Foto: Airbus*

Leistungsgrenze

Das einzige, allerdings schwerwiegende, technisch Problem mit der B.377 war die Unzuverlässigkeit der Motoren und ihrer Turbolader. Auch mit den Propellern von *Hamilton Standard* gab es Schwierigkeiten, weil die Propellerverstellung häufig versagte. Sechs Stratocruiser gingen durch Abstürze und Notwasserungen verloren. »Clipper Romance of the Skies« der Pan American verschwand im November 1957 spurlos über dem Pazifik. Nicht zu Unrecht wurde der Stratocruiser von den Piloten gerne als »bester dreimotoriger Airliner« bezeichnet, ein Prädikat, das in abgewandelter Form auch Lockheeds Super Constellation trug. Die Kolbenmotoren hatten offensichtlich die Grenzen ihrer Leistungsfähigkeit erreicht.

Insgesamt verkaufte Boeing nur 56 Stratocruiser. Die B.377 war einfach zu groß für ihre Zeit. Sie war ein reiner Luxusliner und damit ein Anachronismus, ein Relikt aus einer vergangenen Zeit, als Flugreisen noch der Luxus für eine zahlungskräftige Minderheit waren. Daran änderte auch der spätere Einbau einer dichteren »Economy«-Bestuhlung von maximal 117 Sitzen nichts. Die Betriebskosten der Konkurrenzmuster Douglas DC-4/6/7 und der Super Constellation von Lockheed waren erheblich niedriger und ermöglichten so den Verkauf preiswerterer Flugtickets. So waren es diese Maschinen, die letztendlich den Boden bereiteten für das Flugzeug als Massen-Verkehrsmittel.

Außerdem waren die Stratocruiser mit ihrem Preis von zuletzt 1,5 Millionen Dollar pro Stück in der Anschaffung sehr teuer. Die Kosten für Entwicklung und Produktion waren Boeing einfach davongelaufen. Wie der Jahresgeschäftsbericht für das Jahr 1949

■ Trotz der umfang-
reichen Umbauten
ist bei der »Super
Guppy« noch immer
das charakteristi-
sche Cockpit der
»Stratocruiser« zu
erkennen.
Foto: M. Hövel

■ **Ausgiebig testete die NASA einen von zwei XB-47 Prototypen.** *Foto: NASA*

voraussagte, würde das Unternehmen mit der Stratocruiser einen Verlust in Höhe von 15,4 Millionen Dollar machen. Wären nicht die Militäraufträge für C-97 und B-50 gewesen, hätte die Zukunft für Boeing mehr als düster ausgesehen. Im Grunde war der zivile »Stratocruiser« ein kommerzieller Flop, der trotzdem zur Legende wurde.

Vom Flop zum erfolgreichen Transporter

Im Jahr 1959, ein Jahr vor Pan American Airways, schickte die BOAC ihre letzten Stratocruiser in den verdienten Ruhestand. Einige Exemplare wurden noch für ein paar Jahre von Charterlinien eingesetzt.

Allerdings war die Stratocruiser damit noch nicht ganz am Ende ihrer Laufbahn angelangt. Ende der 50er-Jahre taten sich der ehemalige Bomberpilot John Conroy und der Flugbedarfshändler Lee Mansdorf zusammen und überlegten, ob man die zahlreichen ausgemusterten Stratocruiser und Stratofreighter nicht als Frachtflugzeuge einsetzen könnte. Vor allem Mansdorf hatte dabei den

Transport besonders sperriger Güter wie zum Beispiel von Raketenstufen für die NASA im Sinn. Da die NASA selbst kein Interesse daran hatte, sich an diesem Unternehmen finanziell zu beteiligen, gründeten Conroy und Mansdorf kurzerhand die Firma *Aerospacelines Inc.*.

Zunächst ließ die junge Firma einen Stratocruiser umbauen, wobei man die Maschine um 5 m verlängerte und ihr ein gewaltiges Rumpfoberteil verpasste. Im September 1964 flog diese »Pregnant Guppy« zum ersten Mal und bereits ein Jahr später war sie im Auftrag der NASA unterwegs. Als Nächstes folgte im August 1965 die noch größere und mit Propellerturbinen ausgestattete »Super Guppy«, die sogar in der Lage war, die gewaltigen Stufen einer Saturn-Rakete zu transportieren. Dieses Flugzeug steht noch heute im Einsatz und transportiert Teile für die internationale Raumstation ISS.

Im Mai 1967 flog die etwas kleinere »Mini-Guppy«, die sich allerdings auf dem angepeilten Luftfrachtmarkt nicht durchsetzte. Im folgenden Jahr bestellte die französische Firma *Sud Aviation* als Teil des Airbus-Konsortiums zwei Flugzeuge unter der Bezeichnung »Super Guppy 201«. Diese Maschinen waren mit einem abklappbaren Rumpfbug ausgestattet und verfügten über vier Allison PTL-Triebwerke. Die Frontpartie des Rumpfes wurde mit einer Anlage zur Enteisung versehen, und das Cockpit war als Druckkabine ausgelegt.

Die Charterlinie *Aeromaritime* übernahm die beiden Flugzeuge in den Jahren 1971 und 1973. Die Maschinen transportierten ausschließlich große Baugruppen zwischen den Fertigungsstätten von Airbus. Das Konzept bewährte sich, so dass die französischen Firma *UTA Industries* 1979 die Lizenzrechte zum Bau von weiteren zwei Super Guppys erwarb, die ab 1982 beziehungsweise 1983 die Flotte verstärkten.

Die Flugzeuge bildeten das logistische Rückgrat von Airbus und erwiesen sich als sehr zuverlässig. Ironischerweise lieferten so vier modifizierte Exemplare eines Boeing-Flugzeuges die Basis für den Erfolg des mittlerweile größten Konkurrenten. Sie wurden erst im Jahr 1997 durch vier entsprechend umgebaute Airbus-Flugzeuge vom Typ »Beluga« ersetzt.

Boeing setzt aufs Strahltriebwerk

Die rasante Entwicklung der Jagdflugzeuge nach dem Krieg hatte die bis dahin eingesetzten Propeller-Bomber schon bald zu leicht verwundbaren Zielscheiben im Luftkampf gemacht. Die U.S. Air Force benötigte deshalb dringend ein Flugzeug mit moderner Jet-Technologie und erteilte Boeing Ende der 40er-Jahre einen entsprechenden Auftrag. Damit kam eine Entwicklung in Gang, die die Luftfahrt bis in die heutige Zeit hinein revolutionieren sollte.

Schon seit 1943 hatten die Konstrukteure in Seattle mit Hilfe deutscher Unterlagen, Wissenschaftler und Ingenieure an einem solchen Flugzeug gearbeitet. Die Aufzeichnungen deutscher Windkanalversuche bestätigten, dass der Einsatz von gepfeilten Tragflächen nicht nur möglich war, sondern auch erhebliche Vorteile in Bezug auf die erreichbare Fluggeschwindigkeit besaßen. Schnell erkannten die Ingenieure, dass nur so die Vorteile der neu-

■ In den Zeiten das Kalten Krieges flogen nicht weniger als 2000 Exemplare der B-47 beim amerikanischen Bomberkommando.
Foto: Boeing

■ **Noch bis zum Jahr 2045 wird die ebenso gigantisch wie bedrohlich wirkende B-52 das Rückgrat der amerikanischen Bomberflotte bilden.** *Foto: Boeing*

en Strahltriebwerke in vollem Maße genutzt werden konnten. Die Techniker unternahmen selbst ausgiebige Windkanalversuche in der eigenen neuen Anlage, denn trotz deutscher Hilfe wusste man immer noch relativ wenig von den aerodynamischen und strukturellen Eigenarten von Pfeilflügeln. Mutig hatten sich Boeings Konstrukteure wieder einmal auf vollkommenes Neuland begeben.

Als Resultat präsentierte Boeing im Jahr 1946 die B-47 als gewagten Entwurf eines sechsstrahligen Flugzeuges mit um 35 Grad nach hinten gepfeilten Tragflächen und einer für diese Zeit sensationellen Höchstgeschwindigkeit von mehr als 970 km/h. Damit war sie so schnell, dass man auf eine umfangreiche Defensivbewaffnung verzichtete. Lediglich im Heck wurden später zwei ferngesteuerte Kanonen installiert. Ebenfalls sehr unkonventionell war das Tandemfahrwerk mit zwei Hauptfahrwerken unter dem Rumpf und kleinen Stützrädern in den inneren Triebwerksgondeln. Die Tragflächen waren sehr flexibel und hingen am Boden stark nach unten durch. Die Ingenieure hatten lange an dieser Auslegung getüftelt, denn eine delikate Balance zwischen den Flügeln und den darunter aufgehängten Triebwerken waren die Basis für die gesamte Aerodynamik und Stabilität des Tragwerks.

Da die Triebwerke zu dieser Zeit nicht stark genug und Auftriebshilfen nicht weit genug entwickelt waren, rüstete man die B-47 mit Starthilfsraketen am Rumpfheck aus. Nur so reduzierte sich die Startstrecke mit voller Nutzlast auf ein vertretbares Maß.

Schon der Erstflug am 17. Dezember 1947 zeigte das Leistungspotenzial des Flugzeuges. Während der Erprobungsflüge stellte eine der Maschinen einen neuen Rekord auf und überquerte die USA von Westen nach Osten in weniger als vier Stunden.

Im Jahr 1950 lieferte Boeing die ersten Flugzeuge an die Luftwaffe aus. Ihre Leistungen waren so überzeugend, dass die Luftwaffe bis 1957 mehr als 2000 Exemplare der B-47 bestellte, die bei Boeing in Wichita sowie unter Lizenz bei Douglas und Lockheed gebaut wurden. Vor dem Hintergrund des beginnenden Kalten Krieges zwischen Ost und West bildeten die Stratojets zusammen mit einer großen Tankerflotte die Basis für den Aufbau des strategischen Bomberkommandos »Strategic Air Command« mit einem weltweiten Einsatzbereich.

So ganz nebenbei schuf man mit der B-47 auch die Grundlage für Generationen von Düsenverkehrsflugzeugen. Gepfeilte elastische Tragflächen und unter den Tragflächen aufgehängte Triebwerke gehören bis heute zum Standard für Airliner in aller Welt.

Eine Hotel-Konstruktion: die B-52

In den 50er-Jahren machten die erste Erfahrungen im Korea-Krieg den Verantwortlichen im amerikanischen Verteidigungsministerium klar, dass sie bei der Entwicklung von Bombern noch einen Schritt weiter gehen mussten, um den Anspruch auf eine weltweite militärische Vormachtstellung zu behaupten. Bis dahin hatte man noch mit Boeing zusammen an umfangreichen Studien zum Bau eines riesigen Bombers mit geraden Tragflächen und Propellerturbinen gearbeitet. Immer wieder hatte die Luftwaffe ihre Anforderungen modifiziert und höher geschraubt, so dass das Projekt »B-52« eigentlich nie so recht von der Stelle gekommen war.

Durch die dauernden Verzögerungen einigermaßen frustriert, hatten die Konstrukteure von Boeing schon länger in eigener Regie an einem reinen Jet-Entwurf gearbeitet, denn es war abzusehen, dass zum Zeitpunkt einer endgültigen Entscheidung der Militärs der Turboprop-Antrieb für diesen Zweck überholt sein würde. Im Oktober 1948 reiste ein Team von hochrangigen Ingenieuren

der Firma unter der Leitung von Chefkonstrukteur Ed Wells nach Dayton, um der Luftwaffe ihren letzten Entwurf zu präsentieren. Doch irgendwie wirkten die hohen Militärs nicht so recht überzeugt und legten den ebenso verblüfften wie schockierten Boeing-Leuten schließlich eine neue Ausschreibung für einen reinen Jet vor.

Was nun folgt, klingt zunächst wie ein Stück firmeninterner Legende, ist aber historisch belegt. Das sechsköpfige Team setzte sich in einem Zimmer des Van Cleve Hotel in Dayton zusammen und überdachte die Situation. Die Ingenieure sahen die verschiedenen Entwürfe durch, die sie mitgebracht hatte und kamen zu dem Entschluss, auf Basis eines projektierten mittelschweren Düsenbombers ein neues und größeres Flugzeug zu entwerfen. Wells fertigte eine Skizze an, zwei Konstrukteure machten die Gewichtsberechnungen und die beiden anwesenden Aerodynamiker errechneten die Flugleistungen. Spät am Abend hatte das Team bereits ein Resultat: Vor ihnen lag der Plan für einen achtstrahligen, interkontinentalen Bomber mit etwa den gleichen Flugleistungen wie die B-47! Am nächsten Morgen besorgte

■ Eine frühe B-52 setzt die NASA zu Testzwecken ein. Hier transportiert die Maschine ein X-15 Raketenflugzeug zum Abwurf in einer großen Flughöhe. *Foto: NASA*

George Schairer, Aerodynamik-Fachmann und Vater der B-47, Balsaholz, Werkzeug und Holzleim und begann mit dem Bau eines Modells. Gleichzeitig stellte Wells die Daten zusammen und ließ sie von einem kurzerhand angeheuerten Schreiber zu Papier bringen. Am Abend des folgenden Tages hatten sie einen 33-seitigen Report zusammen mit einem maßstabsgerechten Modell. Die Luftwaffen-Generäle waren beeindruckt und noch im selben Jahr wurde man sich über den Bau der B-52 einig. Das erwähnte Modell ist übrigens noch heute im Archiv der Firma Boeing in Seattle als Beweis für diese unglaubliche Geschichte zu besichtigen.

Natürlich hatte man damit noch kein fertiges Flugzeug. Unzählige Detailstudien und Tests waren noch notwendig. Boeing begann sofort mit der Konstruktion der beiden Prototypen XB-52 sowie YB-52, und im April 1952 startete die riesige B-52 »Stratofortress«

zu ihrem Erstflug. Die B-52 war – und ist heute immer noch – ein einziger fliegender Superlativ. Mit ihren acht Triebwerken vom Typ Pratt & Whitney J57 erreichte sie eine Höchstgeschwindigkeit von fast 1050 km/h bei einer Reichweite von mehr als 16.000 km. So überrascht es nicht, dass die B-52 zahlreiche Reichweiten- und Geschwindigkeitsrekorde aufstellte. Zu den spektakulärsten zählen eine Weltumrundung in 46 Stunden Mitte Januar 1957 und ein Non-Stop-Flug von Japan nach Spanien – 20.100 Kilometer ohne Luftbetankung. Allein dieser Flug brach nicht weniger als elf Rekorde!

Zwischen 1952 und 1962 baute Boeing insgesamt 744 B-52 in immer weiter verbesserten Versionen. Da es bis heute keinen geeigneten Nachfolger gibt, soll die jüngste Variante B-52H noch mindestens bis zum Jahr 2045 im Einsatz stehen – 93 Jahre nach ihrem Erstflug!

6. Boeing-Jets erobern die Luftstraßen der Welt – die Boeing 707

Denkpause

Nachdem die ersten Großflugzeuge mit Düsentriebwerken flogen, lag es nahe, auch über eine Anwendung im zivilen Bereich nachzudenken. Bereits seit 1946 machten sich Boeings Ingenieure darüber Gedanken, doch zunächst erwiesen sich die Triebwerke als unzuverlässig, weil die Technologie noch nicht ausgereift war. Schließlich galten für die Zivilluftfahrt strengere Sicherheitskriterien als für Bombenflugzeuge. Erst als sich die B-47 und B-52 bewährten, schien die Zeit reif für ein solches Projekt.

Eine Legende besagt, dass Boeing-Chef Bill Allen erst vom Projekt eines Düsenverkehrsflugzeuges überzeugt war, nachdem er im Mai 1950 einmal die Gelegenheit gehabt hatte, in einer B-47 mitzufliegen und die Vorteile des Düsenantriebs selbst zu erleben. Abgesehen von der erheblich höheren Fluggeschwindigkeit waren Vibrationen und Lärm erheblich geringer. Dieser Antrieb schien dazu bestimmt, den Luftverkehr weltweit zu revolutionieren.

■ **Ein großer Moment in der Geschichte der Zivilluftfahrt: Die »Dash 80« wird am 15. Mai 1954 erstmals der Öffentlichkeit vorgestellt.** *Foto: Boeing*

Außerdem hatten Allen beim Besuch der Luftfahrtschau in Farnborough im selben Jahr die Vorführungen der britischen De Havilland »Comet« sehr beeindruckt. Die Comet gab zwar weltweit den Anstoß für den Bau von Düsenverkehrsflugzeugen, lieferte aber gleichzeitig durch zwei katastrophale Unfälle aufgrund von Materialermüdung im Jahr 1954 den Beweis dafür, dass man in jeder Hinsicht nicht ganz ungefährliches Neuland im Bereich damit betreten hatte.

Auch in Frankreich hatte man zu dieser Zeit mit ersten Studien zu einem Verkehrsflugzeug für Kurz- und Mittelstrecken begonnen, der zweistrahligen Caravelle.

Auf Empfehlung von Bill Allen beschloss die Geschäftsleitung von Boeing am 20. Mai 1952, zunächst 16 Millionen Dollar – das entsprach dem Firmengewinn der letzten beiden Jahre – in den Bau eines Prototyps für ein schnelles Verkehrsflugzeug großer Reichweite zu investieren. Es war ein riskantes Unterfangen, denn ernsthafte Interessenten für das Flugzeug, das etwa fünf Millionen Dollar pro Stück kosten sollte, gab es vorerst nicht. Aber schon im Fall der B-17 hatte sich solch unternehmerischer Mut ausgezahlt.

Neben zivilen Ambitionen spekulierte man bei Boeing darauf, den Bedarf der Luftwaffe nach einem schnelleren Tankflugzeug für die Bomberflotte zu befriedigen. Eine gemeinsame Produktion hätte eine erhebliche Kostenersparnis bedeutet. Offiziell deklarierte man das Flugzeug dann auch als Tanker für die Luftwaffe und gab ihm die Modellbezeichnung 376-80, was eher auf eine Weiterentwicklung der propellergetriebenen C-97 hindeutete. Die Geschäftsleitung wollte das Projekt nicht zu früh öffentlich machen. Tatsächlich hatte es bei Boeing eine Studie für eine vierstrahligen B.377 gegeben, die aber nie umgesetzt wurde. Auch eine projektierte Zivilversion der B-47 kam nie über das Entwurfsstadium und den Druck von Werbebroschüren hinaus.

Mit der »Dash 80« zum Erfolg

Im Grunde war die schon bald nur noch als »Dash 80« bezeichnete Maschine ein vollkommen neues Flugzeug. Es handelte sich dabei um einen vierstrahligen Tiefdecker mit einer Flügelpfeilung von 35 Grad. Die vier JT3P Triebwerke, Abwandlungen der bei der B-52 zum Einsatz kommenden J-57 von Pratt & Whitney, waren einzeln unter den Tragflächen aufgehängt. Das gesamte Erscheinungsbild der »Dash 80« ließ alle anderen Verkehrsflugzeuge altmodisch aussehen und erinnerte mehr an einen Hochleistungs-

■ Diese Postkarte der Pan American zeigt den Start der B.707 zum ersten Einsatz im Linienverkehr von New York nach London.

Foto: Archiv Gerresheim

bomber als an ein Flugzeug, das als Boeing 707 einmal die Luftstraßen der Welt befliegen sollte.

Die Modellbezeichnung 707 hatte das Projekt bereits im September 1951 erhalten. Die Halle, in der die 376-80 entstand, war vor unbefugten Einblicken geschützt, eine Aura der Geheimhaltung umgab das Projekt. Dazu hatte das Unternehmen allen Grund, denn auch beim kalifornischen Konkurrenten Douglas, der auf einen treuen Kundenstamm in Europa und in den USA baute wie z.B. American Airlines, KLM, SAS und Swissair dachten die Konstrukteure bereits über ein vierstrahliges Düsenverkehrsflugzeug nach. Allerdings zögerte Douglas noch, denn die alten Stammkunden waren zunächst zurückhaltend und verlangten stattdessen nach verbesserten Propellerflugzeugen vom Typ DC-7. Deshalb stellten die Kalifornier den vierstrahligen Jet vorerst zurück. Außerdem hatte man keine Aussicht auf einen militäri-

schen Auftrag und musste so mit einer Anfangsinvestition von 25 Millionen Dollar rechnen.

Währenddessen gingen die Arbeiten in Seattle gut voran, und im Jahr 1954 war der Boeing-Prototyp fertig gestellt. Wie sehr man sich der Bedeutung der »Dash 80« für die Zukunft des Unternehmens bewusst war, zeigt die Tatsache, dass die Geschäftsleitung zum feierlichen Roll-Out am 15. Mai 1954 auch den Firmengründer William E. Boeing einlud. Er hat sicher mit einigem Stolz auf das geblickt, was sich aus seiner roten Scheune am Ufer des Lake Union inzwischen entwickelt hatte. Nicht wenige Zeugen berichten, dass ihm Tränen in den Augen standen, als seine Frau Bertha dieses »Flugzeug von Morgen« offiziell auf den Namen »Jet Stratoliner« beziehungsweise »Jet Stratotanker« taufte. Den Welterfolg der B.707 erlebte W.E. Boeing allerdings nicht mehr, er starb am 28. September 1956 an Bord seiner Yacht »Taconite«.

Das Unternehmen als Einsatz

Trotz einer Beschädigung des Fahrwerkes dauerten die Bodentests und Rollversuche nur zwei Monate, dann war die Maschine mit dem Kennzeichen N70700 zum Erstflug bereit. Testpilot war Tex Johnston, einer der erfahrensten und kompetentesten Testpiloten des Landes. Wie kaum ein anderer war er ein Pilot, der das fliegerische Gefühl aus seiner Zeit als Schaupilot mit der Einsicht verband, dass die Testfliegerei auch eine Wissenschaft ist, die Präzision und Disziplin erfordert. An einer Wand in seinem Büro hing der eingerahmte Spruch: »Ein Test ist mehr Wert als die Meinung von tausend Experten«. Boeing hatte ihn im Jahr 1948 eingestellt, um die B-47 zu erproben.

Nicht nur alle Mitarbeiter des Werkes, sondern auch Tausende von Zuschauern außerhalb waren anwesend, als Johnston am frühen Nachmittag des 15. Juli 1954 die Maschine, auf der so viele Hoffnungen ruhten, auf der Startbahn in Renton ausrichtete. Auch William Allen war da, dem man die Anspannung anmerkte. Der Einsatz war hoch – die Existenz des Unternehmens.

Ein gewaltiges Donnern zeigte an, dass die vier Triebwerke auf Startleistung gebracht wurden. Nach einer Rollzeit von nur 17

■ Zahlreiche Airlines, hier die amerikanische Braniff International, warben mit der Geschwindigkeit der neuen Jet-Airliner.
Foto: Archiv Gerresheim

■ **Hauptkonkurrent der Boeing 707 war die annähernd gleich ausgelegte DC-8 von Douglas. Hier der Prototyp im Flug.** *Foto: Boeing*

Sekunden und einer Strecke von 640 m hob das Flugzeug ab und stieg steil in den Himmel über Seattle. Tex Johnston erinnert sich: »Bill Allen und andere gaben später zu, dass sie Probleme mit der Steuerung befürchtet hatten, als sie den steilen Steigwinkel sahen.« Johnston musste schon kurz nach dem Abheben die Triebwerksleistung reduzieren, um nicht die geplante Fluggeschwindigkeit für den Erstflug zu überschreiten: *»Sie wollte wie eine Rakete steigen [...].«*

Das Flugzeug verhielt sich sehr zufrieden stellend und auch die Landung auf Boeing Field nach einer Stunde und 24 Minuten verlief problemlos. Eine Welle der Begeisterung und der Erleichterung ging durch alle Ebenen des Unternehmens. Nicht nur eine neue Ära in der Geschichte von Boeing, sondern auch des Luftverkehrs hatte begonnen, eine Ära, die noch bis heute nachwirkt. Boeing betrat die Bühne der modernen Jet-Verkehrsluftfahrt.

Obwohl die Dash 80 noch ein reiner Prototyp und Versuchsträger mit einer Kabine voll von Messinstrumenten und nur wenigen

Fenstern im Rumpf war, demonstrierte sie schon bald eindrucksvoll das Leistungspotenzial eines modernen Düsenverkehrsflugzeuges. Mit gut 936 km/h Höchstgeschwindigkeit war sie rund 150 km/h schneller als die britische Comet und erreichte eine Gipfelhöhe von über 13.000 m. Die Reichweite lag, Reserven eingerechnet, bei 5680 km.

Am 16. Oktober 1955 sorgte der Prototyp für Aufsehen, als Tex Johnston in nur drei Stunden und 48 Minuten von Seattle nach Washington flog und damit die bisher übliche Flugzeit glatt halbierte. Die Repräsentanten der großen Fluglinien standen schon bald bei Boeing Schlange, um einen Demonstrationsflug miterleben zu dürfen.

Die Dash 80 leistete Boeing noch bis zum Jahr 1972 wertvolle Dienste als Versuchsträger für verschiedene zivile und militärische Projekte und Modifikationen. Sie erwies sich als weit mehr als nur eine Projektstudie. Allerdings war es noch ein weiter Weg vom Prototyp bis zum Verkehrsflugzeug. Mit den Typen 247, 307 und dem Stratocruiser hatte man zwar ebenfalls technologisch den Luftverkehr weitergebracht, jedoch keinen kommerziellen Erfolg erzielt und das durfte sich nun nicht wiederholen.

Probleme beim Verkauf

Boeing genoss zu dieser Zeit noch nicht den guten Ruf und Kundenstamm als Produzent von Verkehrsflugzeugen, wie Douglas ihn sich erarbeitet hatte. Vielmehr sah man in dem Unternehmen aus Seattle einen erstklassigen Lieferanten von Langstreckenbombern. Boeing musste sich erst mühsam ein Image als Erbauer von Airlinern aufbauen.

Tex Johnston wäre als Testpilot des Unternehmens beinahe dieser neuen Imagepflege bei Boeing zum Opfer gefallen, denn er wirkte mit seinen Cowboystiefeln beileibe nicht so seriös, wie es die Boeing-Manager wünschten. Außerdem hatte er seinen Chef Bill Allen verärgert, als er im August 1955 mit der Dash 80 anlässlich der alljährlich in Seattle stattfindenden Bootsrennen auf dem Lake Washington eine Fassrolle vorgeführt hatte. Dies vermittelte zwar ein eindrucksvolles Bild von den Flugeigenschaften der Maschine, wirkte jedoch auf die zahlreichen, auf Einladung von Boeing anwesenden Airline-Manager eher etwas draufgängerisch. Es kostete ihn einige Mühe, seine Vorgesetzten davon zu überzeugen, dass die Belastung und Beschleunigung der Maschine bei dem präzise geflogenen Manöver nie 1 G überschritten hatte. Oder wie Tex

■ **Die Deutsche Lufthansa erwarb im Januar 1957 fünf mit Rolls-Royce-Triebwerken ausgestattete Boeing 707-430 zum Einsatz auf ihren Transatlantik-Strecken.** *Foto: Lufthansa*

■ Dieser Briefumschlag belegt, dass die australische Qantas ihre Boeing 707 ab dem 29. Juli 1959 auf ihrer Strecke nach San Francisco einsetzte.
Foto: Archiv Gerresheim

Johnston es formulierte: *»Das Flugzeug selbst hat nie gewusst, dass es auf dem Rücken flog.«* Zähneknirschend akzeptierten seine Chefs dieses Argument, allerdings nicht ohne deutlich zu machen, dass man so etwas nicht wieder zu sehen wollte.

Boeing lernte, mehr auf die Fluggesellschaften als potenzielle Kunden zu hören, ein Prozess, den Douglas bereits durchlaufen hatte. Den amerikanischen Airlines waren die Probleme mit der De Havilland Comet in Europa nicht verborgen geblieben. Deshalb warteten sie lieber ab, bis die Tests mit der Dash 80 die Eignung für den Luftverkehr und die Stabilität der Maschine bestätigten.

Natürlich wusste man, dass Boeing die traurigen Erfahrungen der Europäer berücksichtigt hatte, aber beim hohen Kaufpreis der Maschine wollte eine Anschaffung wohl überlegt sein. Auch bei Boeing waren sich die Verantwortlichen über diese Risiken im Klaren, und so unternahmen sie mit dem Prototypen die bis dahin umfangreichsten Tests für ein Verkehrsflugzeug. Nicht weniger als 50.000 simulierte Flüge führten die Ingenieure in einem Wassertank aus und belasteten die Tragflächen bis zum Bruch.

Die solide Konstruktion der 707 belegte später eindrucksvoll ein Vorfall, der sich im Dezember 1956 ereignete: Bei einem Luftzusammenstoß mit einer Constellation der Eastern Airlines wurden einer 707 der TWA 13 Meter der linken Tragfläche weggerissen. Rund 20 Minuten später landete die Boeing sicher in New York. Daraufhin schickte die Wartungsabteilung der TWA an alle Stationen eine Meldung mit folgendem Wortlaut: *»Ab sofort gelten sämtliche B.707 als flugklar, auch wenn eine Tragfläche fehlen sollte«.*

Verkaufsschlacht: Die Konkurrenz schläft nicht

Das Problem mit der Stabilität war zwar gelöst, doch dies bedeutete noch nicht zwangsläufig einen Verkaufserfolg, denn mittlerweile war auch Douglas aufgewacht und präsentierte den Fluggesellschaften ein durchaus konkurrenzfähiges Projekt, die ebenfalls vierstrahlige aber etwas moderner ausgestattete DC-8.

■ Ganz im Stil der Zeit präsentiert sich diese B.707-330B Intercontinental der Lufthansa auf dem Hamburger Flughafen Fuhlsbüttel.
Foto: Lufthansa

Diese Maschine existierte zwar erst auf dem Papier, doch verfügte sie über einige Vorteile. Start- und Landegeschwindigkeit waren geringer, die Triebwerke stärker und die Reichweite höher als beim Modell 707. Auch war der Rumpfquerschnitt größer, so dass man mehr Passagiere in größerem Komfort unterbrachte. Eine Verkaufsschlacht um die Herrschaft auf den Luftstraßen der Welt begann.

Der anfängliche Vorsprung von Boeing erwies sich nun als Nachteil, denn während Douglas' Konstrukteure ihr »Papier-Flugzeug« noch auf dem Reißbrett verändern und den Kundenwünschen anpassen konnten, verfügte Boeing bereits über einen Prototyp, der sich nur mit größerem Aufwand modifizieren ließ. Vor allem das Problem mit der kleineren Kabine musste schnell gelöst

werden, denn schon drohte Boeing wichtige Kunden aufgrund dieses Mankos an Douglas zu verlieren. Hauptsächlich auf Drängen von American Airlines reagierte Boeing, allerdings erst nach einigem Zögern, weil man damit einen wichtigen finanziellen Vorteil aufgab: Der verbreiterte Rumpf machte die geplante gemeinsame Produktion mit einem Tanker für die Luftwaffe unmöglich.

Die Kabine der 707 war nun breiter als die der DC-8. Das verschaffte Boeing letztendlich einen entscheidenden Vorteil im Konkurrenzkampf der Jetliner. Außerdem verlängerten die Konstrukteure den Rumpf, bauten stärkere Triebwerke ein und erhöhten das maximale Startgewicht der 707 um zehn Tonnen. Viel Zeit und Geld steckte Boeing auch in die Entwicklung geeigneter

■ Im November 1965 übernahm die Lufthansa ihre erste Boeing 707-330C. Dieses Modell konnte sowohl im Frachtdienst als auch im Passagierverkehr eingesetzt werden. *Foto: Lufthansa*

Schalldämpfer, denn die Triebwerke erwiesen sich als außergewöhnlich laut.

Aber die Fluggesellschaften zögerten noch immer. Trotz aller Anpassungen an die Wünsche der potenziellen Kunden war es für die Kontrahenten anfangs nicht leicht, ihre Flugzeuge zu verkaufen. Beide Seiten unternahmen große Anstrengungen, den Kunden die Vorzüge eines Jet-Airliners näher zu bringen. So fertigte Boeing z.B. einen vollständigen Nachbau der Kabine der 707 an, verfrachtete diesen in ein New Yorker Hotel und lud dorthin die Repräsentanten der verschiedenen Airlines ein. Vertreter von Fluglinien aus der ganzen Welt kamen ab 1955 in den Genuss von Demo-Flügen mit der Dash 80 und später der 707. Tex Johnston flog Flughäfen von Europa bis Asien und in ganz Nordamerika an. Meist waren die Gäste begeistert und die Frage lautete nun nicht mehr, ob man Jets kaufen sollte. Vielmehr überlegten die Verantwortlichen bei den Airlines jetzt, welchem Modell sie den Vorzug geben sollten.

PanAms Piloten prüfen selbst

Im Herbst 1955 reiste eine Delegation von Piloten der Pan American Airways nach Seattle, um die Dash 80 zu fliegen und zu begutachten. Die Fluggesellschaft suchte vor allem ein Flugzeug für ihre Langstrecken über den Atlantik. Der Chef der Gesellschaft, Juan Trippe, wollte Pan American zur ersten Fluggesellschaft mit Jets machen. Boeing war entschlossen, seinen Hauptvorteil, ein bereits fliegendes Flugzeug, voll auszuspielen. Die Dash 80 wurde auf bis an ihre Grenzen vorgeführt. Steilkurven, Rollen und Geschwindigkeiten bis nah an die Schallgrenze wurden von Tex Johnston ebenso demonstriert wie Manöver bis zum Strömungsabriss und ein Not-Sinkflug. Die Piloten der Pan American schalteten sogar zwei Triebwerke aus – bei allen Manövern kein Problem!

Offensichtlich war man überzeugt, denn am 13. Oktober 1955 bestellte Pan American 20 Boeing 707 mit einem Gesamtwert von

■ **Zu den letzten Betreibern der Boeing 707 zählen zahlreiche Fluggesellschaften in Afrika und Südamerika. Hier ein Frachter der kolumbianischen Avianca in Miami.** *Foto: Archiv Gerresheim*

269 Millionen Dollar. Boeing hatte den ersten wichtigen Auftrag in der Tasche. Allerdings ging die Fluggesellschaft auf Nummer sicher und bestellte gleichzeitig 25 Exemplare der DC-8, was bei den Managern von Boeing mehr als nur ein kleines Stirnrunzeln verursachte. Ein weitere Schlag folgte, als United Airlines kurze Zeit später dreißig DC-8 bestellte. Zwischen den beiden Rivalen stand es somit 20:55 für Douglas, in Seattle war man alarmiert.

Boeings Hoffnungen ruhten nun auf dem vergrößerten und leistungsfähigeren Modell 707 »Intercontinental«, das bereits auf den Reißbrettern der Konstrukteure Gestalt annahm. Der längere Rumpf und vor allem die erheblich größere Reichweite gab schließlich den Ausschlag: American Airlines bestellte 30 Exemplare der B.707, gefolgt von Continental (4), Braniff (3), Sabena (4) und Air France (10). Auch die Pan American stockte ihre Bestellung am 24. Dezember 1955 um drei Maschinen auf und wandelte – als Erstkunde für auch dieses Modell – 15 Einheiten ihrer ersten Bestellung in Aufträge für die »Intercontinental« um.

Auch die andere große internationale Airline der USA, Trans World Airlines (TWA), orderte 15 Exemplare der Boeing 707. Im selben Zeitraum verkaufte Douglas 18 Maschinen vom Typ DC-8 an Eastern Airlines. Im Herbst 1957 war das große Rennen letztendlich zugunsten von Boeing entschieden.

Die Serienfertigung beginnt

Während die Dash 80 weiterhin spektakuläre Weltrekorde aufstellte und die Öffentlichkeit verblüffte, näherte sich die erste Boeing 707 der Serie in Renton der Fertigstellung. Schließlich rollte am 28. Oktober 1957 die für Pan American bestimmte erste 707 aus der Werkshalle. Erst sieben Monate später startete erstmals der Prototyp der DC-8.

Nun begann, unterstützt von Boeing, die Pilotenausbildung. Die Flugzeugführer bekamen jetzt einen ersten Eindruck von den be-

■ Die Bundesluftwaffe setzte vier B.707 als VIP-Transporter sowie für Versorgungs- und Transportflüge auf der ganzen Welt ein. Ende 1999 ersetzten Airbusse die Maschinen. *Foto: T. Achenbach*

sonderen Eigenschaften eines Jetliners und waren überrascht von den gutmütigen Flugeigenschaften der Maschine.

Tex Johnston erinnert sich in seiner Autobiografie »Jet Age Testpilot«, dass die guten fliegerischen Qualitäten der B.707 allerdings einen Nachteil bargen: Die mit Jets unerfahrenen Piloten wiegten sich all zu sehr in Sicherheit und verkannten manchmal die Besonderheiten eines mit Pfeilflügeln ausgestatteten Düsenflugzeuges. Vor allem das Phänomen der Dutch Roll – schwer kontrollierbare Roll- und Gierbewegungen bei niedriger Geschwindigkeit – wurde oft unterschätzt und führte später auf einem Trainingsflug zu einem Absturz.

Boeing entwickelte in den folgenden Jahren einen für alle heutigen Airliner obligatorischen Gierdämpfer, der das Problem endgültig löste. Für viele Piloten war auch die Notwendigkeit neu, sich den Sinkflug gut einzuteilen, da der bremsende Effekt der Propeller bei gedrosselten Motoren wegfiel. Allein die Abhebe- oder Lande-

geschwindigkeit der 707 war schon fast höher als die Reisegeschwindigkeit einiger der älteren Propeller-Airliner. Bereits früh musste Boeing seine Schulungsprogramme für Piloten überarbeiten, um diese auf die neuen Herausforderungen vorzubereiten.

Parallel dazu unternahm man umfangreiche Testflüge zur Musterzulassung. Dabei betrat auch die zivile Zulassungsbehörde vollkommenes Neuland, denn ein Düsenflugzeug hatte man bisher noch nicht dieser Prozedur unterzogen. Mehr als einmal sprangen die Beamten der Luftfahrtbehörde FAA über ihren eigenen Schatten und vertrauten auf das von Boeing zur Verfügung gestellte Material sowie die Erfahrung des Unternehmens mit großen Jets. Schließlich erhielt die Boeing 707 am 23. Oktober 1958 ihre Typenzulassung für den Luftverkehr.

Alles war nun bereit und Pan American Airways verlor nicht viel Zeit: Schon drei Tage später, am 26. Oktober 1958, startete der erste Linienflug vom New Yorker Flughafen Idlewild über

■ Unter der legendären Bezeichnung »Air Force One« setzte die amerikanische Regierung die Boeing 707 (VC-137) als Präsidentenmaschine ein. Dieses Flugzeug steht heute im Museum of Flight in Seattle. *Foto: H. Gerresheim*

Gander/Neufundland nach Paris. Schließlich sollte auch die Öffentlichkeit in Europa wissen, dass die Amerikaner nun ein Flugzeug besaßen, welches der inzwischen verbesserten britischen »Comet« weit überlegen war. Insgesamt 121 Passagiere waren an Bord dieses Fluges mit der Nummer PA 114 – die bisher größte auf einem kommerziellen Flug über den Atlantik beförderte Anzahl von Fluggästen.

Der Nordatlantik war und ist, wie die Concorde auch heute noch zeigt, auch heute noch *die* Prestigeroute für die Airlines. Vor der B.707 flogen hier die Super Constellations von TWA, die DC-7C beziehungsweise die Stratocruiser von PanAm und die hochmodernen Turboprops Bristol Britannia der BOAC.

Pan American war die dominante Langstreckenfluglinie der 60er-Jahre, musste allerdings zunächst damit leben, dass die ersten 707 über eine eingeschränkte Reichweite verfügten. Non-Stop-Flüge über den Atlantik waren mit dem Flugzeug oft nicht möglich.

Dies änderte sich mit den neuen Langstreckenmodellen der Serien 707-320 beziehungsweise 707-420 »Intercontinental«. Hierbei handelte es sich, wie bereits erwähnt, um eine vergrößerte Version mit höherer Reichweite. Rumpf und Tragflächen waren bei diesen Modellen verlängert. Bis zu 189 Passagiere fanden in den Maschinen Platz. Während das Modell 320 über neue Pratt & Whitney JT4A Triebwerke verfügte, wurden 37 Exemplare der 707-420 mit Spey-Triebwerken von Rolls-Royce an die britischen BOAC und Cunard Eagle sowie an VARIG, EIAI, Air India und die Deutsche Lufthansa ausgeliefert. In Großbritannien wurden diese Flugzeuge, sicherlich zur Verärgerung der Verkaufsleute von Boeing, offiziell als »Rolls-Royce 707« vermarktet.

Die »Intercontinental« stand ab August 1959 weltweit im Einsatz und hatte eine Reichweite von mehr als 8000 km bei voller Nutzlast. Neue Turbofan-Triebwerke machten es bald möglich, die Intercontinental weiter zu verbessern. Unter der Bezeichnung

■ Die »Sportversion« der B.707 war die kleinere Boeing 720, hier in Frankfurt im Einsatz bei der libanesischen Middle East Airlines.
Foto: Archiv Gerresheim

B.707-320B beziehungsweise B.707-320C stellte ein nochmals weiterentwickeltes Modell die letzte und erfolgreichste Variante des Typs dar. Überarbeitete Tragflächen und Landeklappen sorgten für den endgültigen Erfolg der 707.

Größere Tanks und sparsamere Triebwerke ermöglichten eine bis dahin nicht gekannte Reichweite, 20 Prozent größer als die ihrer Vorläufer. Die B.707-320C verfügte über eine große Frachttür am vorderen Rumpf, so dass man wahlweise auch Frachtpaletten befördern konnte. Wieder einmal war Pan American Erstkunde mit einer Bestellung über 15 Maschinen im April 1962.

Auch die Deutsche Lufthansa betrieb zwischen 1960 und 1984 insgesamt 23 Boeing 707 verschiedener Versionen und wurde damit für viele Jahre zur reinen »Boeing-Airline«. Die Bundesluftwaffe erwarb 1968 ihre erste von insgesamt vier Boeing 707-320C. Sie wurden sowohl zum Transport von Soldaten und Fracht als auch für zahllose Staatsbesuche eingesetzt. Hinzu kamen zahlreiche

humanitäre Einsätze in Krisen- und Katastrophengebieten auf der ganzen Welt, durchgeführt von der Flugbereitschaft in Köln-Bonn. Am 4. November 1999 wurde die letzte 707 der Luftwaffe feierlich verabschiedet.

Ein Klassiker der Luftfahrt

Aufgrund der großen Bandbreite immer weiter verbesserter Versionen der 707 stand Boeing der Weltmarkt offen. Als einziges Hindernis erwies sich die noch nicht überall vorhandene Infrastruktur für die Abfertigung eines solchen Flugzeuges, aber Fluglinien und Regierungen auf der ganzen Welt lösten dieses Problem bald.

Die 707 begann, den Luftverkehr zu revolutionieren. Vorbei waren die Zeiten, als die Vibrationen der Kolbenmotoren oder die Wetter-

■ Als AWACS-Frühwarnflugzeug überlebt die B.707 noch bis in unsere Zeit.
Foto: Boeing

kapriolen in niedrigen Flughöhen die Passagiere durchschüttelten. Die Jets waren so zuverlässig und wirtschaftlich, dass die Flugpreise sanken und sich immer mehr Menschen Flugtickets leisten konnten. In den ersten beiden Jahren des Düsenflugverkehrs verdoppelte sich das Verkehrsvolumen. Das Flugzeug wurde damit zu einem Massen-Verkehrsmittel. Natürlich lässt sich darüber streiten, ob die 707 allein diese Entwicklung in Gang setzte, aber es ist nicht zu leugnen, dass sie den wichtigsten Beitrag dazu leistete.

Bald setzten alle großen Fluglinien Düsenflugzeuge ein, und in den meisten Fällen handelte es sich um Boeing 707. Schnell wurde die Maschine zu einem unbestrittenen Klassiker der Zivilluftfahrt.

Auch die amerikanische Regierung konnte und wollte nicht hinter der Entwicklung zurückstehen. Unvorstellbar: Die Welt raste im Jet-Tempo rund um den Globus und der amerikanische Präsident sowie hochrangige Regierungsvertreter sollten mit altmodisch an-

mutenden Propellerflugzeugen zu Staatsbesuchen anreisen? Im Jahr 1958 bestellte die U.S. Luftwaffe zunächst drei, später noch weitere zwei Flugzeuge aus der zivilen Produktion unter der Bezeichnung VC-137A und C. Eines dieser Flugzeuge wurde 1959 als berühmte »Air Force One« zur offiziellen Präsidentenmaschine. Die VC-137 verfügten über zwei vollständig ausgerüstete Küchen – komplett mit Herd! – Telefone, Fernschreiber und Fotokopierer, eine Kommunikationszentrale sowie Privat- und Konferenzräume für den Präsidenten, komplett mit Bad und Dusche. First-Class-Sitze für Begleitpersonen waren im hinteren Teil der Maschine ebenso vorhanden wie herunterklappbare Schlafkojen. Ein Safe für geheime Dokumente fehlte ebenfalls nicht. Diese Flugzeuge standen bis zum Jahr 1990 im Einsatz, als sie von zwei Boeing 747 abgelöst wurden, und schrieben während dieser Zeit Geschichte. Parallel zur Weiterentwicklung der 707 lief das Programm B.720, eine Mittelstreckenversion des vierstrahligen Jets. Dieser Typ war kleiner und damit leichter und schneller als der ursprüngliche Entwurf. Er fand seinen ersten Käufer mit United Airlines, die im November 1957 einen Kaufvertrag über 29 Maschinen unterzeichnete. Wie beim großen Schwestermodell bot Boeing mit dem Aufkommen neuer Triebwerkstechnologien eine verbesserte Version, die B.720B, an. Die Deutsche Lufthansa bestellte im Januar 1960 als erster Auslandskunde vier Maschinen zum Einsatz auf ihren Lang- und Mittelstrecken.

Bei den Piloten war die 720 schon bald als »Sportliche Version« der 707 beliebt, was allerdings auch dazu führte, dass zwei Flugzeuge der Lufthansa bei Trainingsflügen abstürzten. Die Flugzeugführer hatten die »Sportlichkeit« des Flugzeuges wohl überschätzt und unmögliche Flugmanöver ausprobiert – mit fatalen Folgen.

Zum wirtschaftlichen Erfolg wurde die Boeing 720 mit 154 gebauten Flugzeugen jedoch nicht, denn schon befanden sich sparsamere Flugzeuge mit zwei und drei Triebwerken in der Entwicklung. Allerdings ermöglichte es die B.720 dem Unternehmen, auch Flugzeuge an die Gesellschaften zu verkaufen, die bislang nur Jets von Douglas bestellt hatten. Die DC-8 deckte dieses Marktsegment nicht ab.

Die 707 hat sich für Boeing durchaus gerechnet. Insgesamt lieferte das Unternehmen bis zum April 1982 nicht weniger als 764 zivile Boeing 707 aus, von denen heute noch etwa 150, hauptsächlich als Frachter, Firmenflugzeuge und beim Militär, im Einsatz stehen. Zum Vergleich: Von der DC-8 verkaufte der Konkurrent Douglas bis zum Mai 1972 nur 556 Exemplare.

Einsatz beim Militär

Die militärische Karriere der 707 sollte allerdings noch länger dauern, als die zivile. Die letzte Maschine, eine E-3D AWACS für die britische Royal Air Force, absolvierte im Juni 1991 ihren Erstflug. Bei der AWACS handelt es sich um ein Frühwarnflugzeug mit einer großen tellerförmigen Radarantenne über dem hinteren Rumpf. Insgesamt 68 Exemplare dieses Typs wurden ab 1972 an die Luftwaffen der USA, Großbritanniens, Frankreichs, Saudi Arabiens und andere NATO-Staaten ausgeliefert. Die Flugzeuge der NATO sind übrigens in Geilenkirchen an der deutsch-nieder-

■ **Eine weitere Ableitung aus der »Dash 80« ist das KC-135 Tankflugzeug für die U.S. Air Force. Insgesamt lieferte Boeing 732 Flugzeuge dieses Typs aus.** *Foto: Boeing*

■ Die Royal Air Force aus Großbritannien setzt seit 1991 einige E-3 AWACS-Flugzeuge mit moderneren CFM-56 Triebwerken ein.
Foto: T. Fox

ländischen Grenze stationiert. Saudi Arabien bestellte zusätzlich acht KE-3A Tanker bei Boeing. Neueste und wahrscheinlich letzte Variante der Boeing 707 ist die E-6, die von der amerikanischen Marine als Kommunikationsplattform für ihre Flotte von Atom-U-Booten eingesetzt werden. Zwischen August 1989 und 1991 entstanden 16 Flugzeuge.

Diese Militärversionen der 707 werden noch einige Jahre im Einsatz stehen und beweisen, dass man mit Innovationen und unternehmerischem Wagemut auch Gewinn macht. Letztendlich war die 707 der wichtigste Meilenstein in der Etablierung des Namens Boeing in der Zivilluftfahrt.

Die Dash 80 bildete außerdem, wie von Boeing bei der Entwicklung erhofft, die Grundlage für ein weiteres Flugzeug, das häufig fälschlicherweise für eine militärische Version der Boeing 707 gehalten wird.

Bereits acht Wochen nach dem Erstflug der Dash 80 bestellte das Strategische Luftkommando der Luftwaffe zunächst 29 Exemplare der KC-135A als Tankflugzeuge für seine Flotte von B-52 Bombern. Schon wenige Wochen nach dem Erstflug hatte Boeing probeweise ein selbst entwickeltes Luftbetankungssystem in der Dash 80 installiert, und die Luftwaffe sah in dem Flugzeug, das firmenintern zunächst als Modell 717 geführt wurde, genau das, was sie benötigte.

Der Rumpfquerschnitt der Maschine lag zwischen denen der Dash 80 und der 707. Während die Tragflächen von den ersten B.707 übernommen wurden, verwendete man für das übrige Flugzeug eine andere Aluminiumlegierung. Dies und ein strukturell anderer Aufbau des Rumpfes waren dadurch bedingt, dass die Maschinen der Luftwaffe für eine weit geringere Auslastung ausgelegt waren. Für die KC-135 kalkulierte man durchschnittlich 10.000 Flug-

■ Bis jetzt ist noch kein vollwertiger Ersatz für die KC-135 in Sicht. Diese KC-135R mit CFM-56 Triebwerken befindet sich im Anflug auf eine amerikanische Luftwaffenbasis in Großbritannien. *Foto: Archiv Gerresheim*

stunden in 25 Jahren. Eine zivile 707 erreichte diese Stundenzahl schon in drei Jahren.

Der Rumpf verfügte nur über zwei Fenster an den Notausgängen. Die Luftwaffe war so überzeugt von den Fähigkeiten der Maschine, dass sie die Bestellung schon bald aufstockte. Bis zum Jahr 1964 wurden insgesamt 732 C/KC-135 gebaut, 88 davon als Versionen für Fracht, Aufklärung und als »Fliegende Feldherrenhügel«. Unzählige Spezialvarianten stehen noch heute bei der Luftwaffe und verschiedenen Forschungsinstitutionen im Einsatz. Besonders bekannt ist die Maschine, mit der die Raumfahrtbehörde NASA für die zukünftigen Astronauten die Schwerelosigkeit simuliert.

Viele der noch im Einsatz stehenden KC-135 erhielten inzwischen neue, moderne Triebwerke vom Typ CFM-56. Sie sind wesentlich stärker, sparsamer und leiser als die bisher einge-setzten Aggregate. In dieser Form wird die KC-135 noch viele Jahre fliegen, denn ein Ersatz ist bis jetzt nicht in Sicht. Ein Versuch, auch die zivile 707 entsprechend umzurüsten, wurde schnell aufgegeben, da man nicht dem eigenen Produkt Boeing 757 Konkurrenz machen wollte. Außerdem betrachteten viele Fluggesellschaften ein solches Flugzeug als erheblich übermotorisiert.

Was Anfang der 50er-Jahre mit der Dash 80 begann, erweist sich für Boeing bis heute als Erfolgsstory. So verwundert es nicht, dass die *Smithsonian Institution* in Washington diesen Prototyp zu einem der wichtigsten Flugzeuge der Luftfahrtgeschichte erklärte. Die Dash 80 wird zurzeit in einer Halle auf Boeing Field bei Seattle restauriert. Als Markstein der Zivilluftfahrt erhält sie einen würdigen Platz in der Sammlung des *National Air and Space Museum* in der Hauptstadt der USA.

7. Bestseller entstehen – das Modell 727 und die »Baby Boeing«

Das unmögliche Flugzeug

Der weit reichende Einfluss der Boeing 707 auf die Zivilluftfahrt zeigte sich spätestens beim nächsten Boeing-Airliner. Bereits 1956, also vor dem Erstflug der 707, hatten die Konstrukteure mit ersten Studien zu einem Mittelstreckenjet begonnen. Sie prüften nicht weniger als 38 verschiedene Entwürfe und Auslegungen. Alle hatten eines gemeinsam: Der Rumpf basierte auf der Boeing 707. Aber Boeings Manager und Ingenieure hatten dazugelernt und bereits frühzeitig Kontakt zu einigen der führenden Fluglinien des Landes aufgenommen, um bereits bei der Entwicklung der neuen Flugzeuge auf die Bedürfnisse der Kunden einzugehen. Diese legten großen Wert auf die Fähigkeit, auch von kleineren Flugplätzen und auf kurzen Strecken profitabel zu fliegen. Außerdem sollte das neue Flugzeug schnell, leicht zu manövrieren, angenehm für die Passagiere und weitgehend unabhängig von aufwändiger Ausrüstung am Boden sein. Besonderen Wert legten die potenziellen Käufer auf Allwettertauglichkeit und kurze Bodenzeiten. Angesichts dieser Forderungen verwundert es nicht, dass das Flugzeug in den Konstruktionsbüros des Unternehmens schon bald den Beinamen »Das unmögliche Flugzeug« erhielt.

Boeing-Präsident Bill Allen war sehr an dem Projekt interessiert, galt es doch, den ewigen kalifornischen Konkurrenten Douglas auf Abstand zu halten. Diesmal wollte Boeing die Spielregeln auf dem Markt diktieren und sich nicht wieder von Douglas unter Druck setzen lassen. Anders als bei der B.707 setzte Allen jedoch diesmal nicht die Zukunft des Unternehmens aufs Spiel. Vielmehr bestand darauf, dass ein Programmstart nur erfolgen solle, wenn genügend Bestellungen vorlägen.

Im August 1960 gab die Geschäftsleitung schließlich grünes Licht, allerdings unter der Bedingung, dass bis zum 1. Dezember desselben Jahres 100 Aufträge vorlägen. Das war eine große Herausforderung für das Boeing-Team unter der Leitung von Jack Steiner. Neben zwei- und vierstrahligen Modellen hatte sich zu diesem Zeitpunkt eine Konstruktion mit drei am Heck angebrachten Triebwerken herauskristallisiert. Damit waren die Ingenieure zum gleichen Ergebnis gekommen wie jenseits des Atlantik die britischen Ingenieure von De Havilland mit ihrer »Trident«.

Es gab sogar vereinzelt Vorwürfe aus Europa, dass die Amerikaner De Havillands Konstruktion einfach kopierten, denn die Briten hatten Boeing während Verhandlungen über eine eventuelle Zusammenarbeit einige Konstruktionsunterlagen der Trident vorgelegt. Aber selbst britische Fachleute bestritten einen Zusammenhang, denn Boeing verfügte über so reichhaltige Ressourcen, gute Ingenieure und technische Ausstattung, dass man auch in Seattle zum selben Ergebnis wie die Briten gelangen konnte.

Außerdem verlangten auch die Vorschriften der amerikanischen Luftfahrtbehörde FAA eine dreistrahlige Ausführung. Die Minima für den Schlechtwetterflugbetrieb waren für Zweistrahler wesentlich ungünstiger als für Flugzeuge mit vier Triebwerken. Konnte eine vierstrahlige Boeing 720 zum Beispiel im Landeanflug bis auf eine Höhe von 61 m heruntergehen, bevor sich der Pilot zu einem Durchstartmanöver entscheiden musste, galt für Zweistrahler ein Minimum von 91 m. Genau 30 m entschieden also zwischen einer planmäßigen Ankunft und einer teuren Ausweichlandung Hunderte von Kilometern entfernt. Ein Vierstrahler war jedoch zu unwirtschaftlich für kurze Strecken, das hatte die Boeing 720 bewiesen. So überzeugten Boeings Konstrukteure die FAA, die Minimalwerte für Vierstrahler auch für Flugzeuge mit drei Triebwerken anzuwenden.

Außerdem hatte die Auslegung mit drei Triebwerken am Heck den Vorteil, dass die Maschine eine aerodynamisch saubere Tragfläche

■ **Seit 1963 rollten im östlich von Seattle gelegenen Renton die Boeing 727 aus der Montagehalle. Diese Aufnahme zeigt Exemplare verschiedener Versionen, darunter in der Mitte auch der Prototyp der Serie 200, die auf ihre Auslieferung warten.** *Foto: Boeing*

■ **Die »Dash 80« wurde auch im 727-Programm eingesetzt: Hier erprobt die Maschine gerade die Anbringung der Triebwerke am Rumpfheck.** *Foto: Boeing*

ohne Triebwerksaufhängungen erhielt. Andererseits benötigte das neue Flugzeug bis dahin nie gesehene Auftriebshilfen, weil Eastern Airlines darauf bestand, vom New Yorker Flughafen La Guardia aus zu operieren. Er verfügte als einziger Airport in »Big Apple« über ein Instrumentenlandesystem, besaß aber nur eine Startbahn mit einer Länge von 1480 m.

Boeings Konstrukteuren blieb somit nichts anderes übrig, als mit den Tragflächen ein technisches Meisterwerk zu schaffen. Komplexe dreifache Spaltklappen lösten das Problem. Wenn Passagiere beim Landeanflug einer B.727 auf die Tragflächen schauen, haben sie das Gefühl, dass sich der Flügel beinahe in Landeklappen auflöst. Auch die vorderen Flügelkanten versahen die Ingenieure mit umfangreichen Auftriebshilfen. Als Nebeneffekt

der großzügig dimensionierten Landeklappen konnte man die Tragflächen selbst relativ klein halten, was den Flug nicht zuletzt bei Turbulenzen ruhiger und wirtschaftlicher machte – und natürlich auch schneller.

Die großartige Leistung von Boeings Ingenieuren bei der 727 belegen wenige Zahlen am besten: Während die 727 mit einer Reisegeschwindigkeit von 970 km/h ein relativ schnelles Flugzeug war, lag die Landegeschwindigkeit mit nur 200 km/h nicht über dem Tempo der bisher eingesetzten Propellerflugzeuge. Boeings Ingenieure hatten tatsächlich das »unmögliche Flugzeug« konstruiert.

Weitere Innovationen bestanden in einem Hilfstriebwerk zur Stromerzeugung am Boden und der Möglichkeit, die Passagier-

kabine so umzurüsten, dass verschiedene Kombinationen von Fracht und Passagieren befördert werden konnten.

Der Rumpf der B.727 basierte in weiten Teilen auf der Konstruktion der 707. Damit machte Boeing einen bedeutenden Schritt in Richtung auf eine ganze Familie von Verkehrsflugzeugen, deren Komponenten teilweise austauschbar waren. Dadurch entstanden Boeing geringere Kosten bei der Produktion und die Fluggesellschaften sparten Geld bei der Ersatzteilhaltung.

Keine passenden Triebwerke

Ein wichtiger Schlüssel zum Erfolg waren die Triebwerke. Als die Ingenieure um Jack Steiner mit der Konstruktion der 727 begannen, waren noch keine geeigneten Aggregate auf dem Markt. Allenfalls das Spey-Triebwerk von Rolls-Royce schien die nötige Leistung wirtschaftlich genug zu erbringen, doch wäre es schwierig geworden, den Einbau eines britischen Triebwerkes in den USA durchzusetzen. Die nationalen Interessen waren noch zu stark ausgeprägt.

Deshalb wandte sich Boeing an Pratt & Whitney. Dort witterte man ein gutes Geschäft und erklärte sich bereit, mit der Entwicklung des neuen JT8D fortzufahren. Neben einem günstigen Verhältnis zwischen Leistung und Kraftstoffverbrauch versprach dieses Triebwerk außerdem einen – für die damalige Zeit – niedrigen Lärmpegel. Damit ließ sich eine weitere wichtige Forderung der amerikanischen Fluggesellschaften erfüllen: Die Möglichkeit, jederzeit von stadtnah gelegenen Flughäfen wie La Guardia starten und landen zu können. Die Ingenieure von Boeing bauten also ein Flugzeug, für das die Triebwerke noch gar nicht existierten. Dieses Risiko zahlte sich für beide Unternehmen aus, denn das JT8D entwickelte sich zu einem der meistverkauften Triebwerke aller Zeiten. Probleme gab es mit dem neuen Triebwerk kaum. Anfängliche Strömungsabrisse im mittleren Triebwerk behoben die Techniker mit Hilfe von Wirbelblechen im Lufteinlauf.

Trotz des anfänglichen Interesses, hielten sich die Fluggesellschaften zunächst mit Aufträgen zurück. Mit dem Einsatz eines Jets auf Kurzstrecken betraten sie schließlich Neuland, und dann gab es ja noch die Alternative in Form von Turboprop-Flugzeugen wie der viermotorigen Lockheed »Electra«. Die stand bereits ab Januar 1959 bei Eastern Airlines und American Airlines im Dienst und war mit einem Kaufpreis von 2,1 Millionen Dollar erheblich preisgünstiger als die 727, von der jedes Exemplar mit mehr als vier Millionen Dollar zu Buche schlug. Doch schon bald zeichneten sich bei der Electra ernsthafte Probleme ab, die zu Abstürzen und einer landesweit negativen Presse führten. Dies und die

Erkenntnis, dass die 727 letztendlich das wirtschaftlichere Flugzeug sein würde, gab schließlich den Ausschlag.

Unerfüllte Vorgabe

Zum Stichtag am 1. Dezember 1960 lagen Kaufverträge von Eastern und United Airlines über jeweils 40 Boeing 727 vor, von denen allerdings 20 nur Optionen waren. Damit war die Vorgabe nicht erfüllt, und weitere ernsthafter Interessenten hatten sich bislang nicht gemeldet. Das Projekt stand somit auf der Kippe. Doch Boeing wäre nicht Boeing und Bill Allen nicht Bill Allen gewesen,

wenn man sich nicht wieder einmal auf seine Intuition verlassen hätte. Die Geschäftsleitung von Boeing unterzeichnete die Kaufverträge mit einem Wert von 420 Millionen Dollar und gab damit den Startschuss zu einer bis dahin beispiellosen Erfolgsstory. Zunächst sah es allerdings nicht danach aus. Während die Konstrukteure ihre Arbeit in den Ingenieurbüros von Renton mit Hochdruck vorantrieben, gingen nur langsam weitere Bestellungen ein. Im März 1961 orderte die Deutsche Lufthansa als erster Auslandskunde zwölf Maschinen vom Typ Boeing 727. Erst im August desselben Jahres überschritt man mit einem zusätzlichen Auftrag von American Airlines über 25 Maschinen das anfangs gesetzte Minimum von 100 Flugzeugen, TWA folgte im März 1962

zweigte die Marketingabteilung im September 1963 eine Maschine ab, mit der sie eine groß angelegte Werbe- und Verkaufstour unternahm.

Nachdem man zahlreiche Flughäfen in den USA besucht hatte, ging es von Montreal über die Azoren zunächst nach Rom. Via Beirut, Karatschi und Kalkutta flog die Maschine weiter nach Bangkok und Manila. Dann besuchten Boeings Mitarbeiter mit ihrer Neukonstruktion Darwin und Sydney. Der Rückflug führte zurück über Asien nach Bagdad und Khartoum und dann weiter nach Nairobi sowie Johannesburg.

Nächstes Ziel war Europa, wo zahlreiche Flughäfen angeflogen wurden, bis es über Island zurück nach Kanada und Seattle ging. Das Vorführflugzeug hatte 36 Städte in 26 Ländern besucht und insgesamt 101 Strecken- und Demonstrationsflüge absolviert. Dabei war der Wartungsaufwand minimal: Eine Bremse, mehrere Reifen und ein Antriebsmotor für die Höhensteuerung mussten die Techniker im Laufe der Reise austauschen. Angesichts dieser Leistung überrascht es nicht, dass der Typ planmäßig am 24. Dezember 1964 seine Musterzulassung erhielt.

Vom Ladenhüter zum Erfolgsmodell

Als erste Fluggesellschaft stellte Eastern Airlines ihre B.727 am 1. Februar 1964 auf der Strecke von Miami nach Washington und Philadelphia in Dienst, gefolgt von United am 6. Februar zwischen San Francisco und Denver. Am 16. April desselben Jahres flog schließlich der erste Boeing 727 »Europa Jet« der Lufthansa von Hamburg über Düsseldorf nach London.

Die Fluggesellschaften waren zufrieden mit der 727. Trotzdem gingen neue Bestellungen weiterhin spärlich in Seattle ein. Daran änderten auch die 1964 und 1965 vorgestellten Versionen 727-100C mit eingebauter Frachttür im vorderen Rumpf und die 727-100QC, die in kürzester Zeit vom Passagierflugzeug zum Frachter umgebaut werden konnte, nicht viel.

Im August 1964 waren gerade einmal 200 Exemplare der 727 verkauft. Der eigentliche Durchbruch gelang erst im Jahr 1967, als die verlängerte Boeing 727-200 zum ersten Mal flog. Plötzlich wurde dieses Modell für viele Airlines auf der ganzen Welt interessant. Maximal 189 Passagiere fanden im Rumpf Platz, den die Konstrukteure um 6 m verlängert hatten. Da sie ansonsten nicht viel an der Maschine änderten, ging das allerdings auf Kosten der Reichweite.

Bereits einen Monat nach dem Programmstart orderte American Airlines 22 Flugzeuge, und bis zum Erstflug standen im Auftrags-

■ **Die Deutsche Lufthansa war der erste europäische Kunde für den neuen Dreistrahler aus Seattle. Im März 1961 bestellte sie zwölf Exemplare.** *Foto: Lufthansa*

mit zehn Bestellungen. Boeing kämpfte um jeden Kunden. So nahm das Unternehmen zum Beispiel teure Modifikationen in Kauf, um ganze vier Flugzeuge an die australischen Ansett und Trans Australia Airlines zu verkaufen.

Beladen mit diesen Problemen und einem möglichen Verlust von einhundert Millionen Dollar für das Unternehmen startete die erste B.727 am 9. Februar 1963 zu ihrem Erstflug. Technisch gab es kaum Probleme und das Testprogramm verlief reibungslos. So

LH 130
Aufnahme
des Liniendienstes
mit Europa Jet
Boeing 727
16. April 1964
Hamburg-London

Lufthansa

Air Mail - Printed Matter

Lufthansa
German Airlines
Room 2075
Main Passenger Building

Hounslow, Middlesex

London Heathrow Airport
Great Britain

■ **Die Strecke von Hamburg nach London war die erste Verbindung, auf der die Lufthansa ab dem 16. April 1964 ihre Boeing 727-30 einsetzte.** *Foto: Archiv Gerresheim*

buch bereits 118 Bestellungen von acht Fluggesellschaften. Schon bald wurden keine 727 der Ursprungsversion mehr verkauft. Als dann im Jahr 1969 das verfeinerte Modell 727-200 »Advanced« auf den Markt kam, stiegen die Verkaufszahlen nochmals und erreichten bis zum Produktionsende im August 1984 die stolze Höhe von 1832 gebauten Maschinen. Kein anderes Verkehrsflugzeug war bis dahin so oft verkauft worden. Eine ausgezeichnete Bilanz, wenn man bedenkt, dass Boeing ursprünglich nur den Bau von 250 Maschinen plante.

Allerdings hatte der amerikanische Flugzeughersteller auch etwas Glück, denn die technologisch beinahe gleichwertige Trident hatte der Hauptkunde BEA torpediert, weil er auf einer Verkleinerung des Basismusters bestand. Diese Änderung zerstörte die Verkaufschancen des britischen Flugzeugs im Exportmarkt. Die Verkaufsleute von Boeing müssen lauthals gelacht haben, als sie diese Neuigkeit aus Europa hörten.

Boeing etabliert sich am Markt

Außerdem besaß Boeing gegenüber dem europäischen Konkurrenten den vielleicht entscheidenden Vorteil, über einen großen Inlandsmarkt zu verfügen. Hinzu kam, dass die Amerikaner weniger reglementiert waren als die Briten, wie schon der Ausgang des Rennens zwischen der Comet und der 707 bewiesen hatte.

Noch immer besitzen die B.727, vor allem die der Serie 200, einen hohen Wiederverkaufswert. Vor allem Frachtcarrier zeigen großes Interesse. Zahlreiche Anbieter bieten Nachrüstsätze an, um die Flugzeuge leiser und wirtschaftlicher zu machen. Die Palette reicht hier von aerodynamischen Verfeinerungen bis zum Einbau modernerer Triebwerke. Gerade in den USA wurden viele 727 modifiziert, damit sie auch weiterhin im Passagierdienst eingesetzt werden können.

■ American Airlines setzte als eine von zahlreichen amerikanischen Fluggesellschaften die Boeing 727 auf ihrem Streckennetz ein.
Foto: Boeing

Einziges Problem ist die Anzahl der Besatzungsmitglieder, denn die 727 benötigt nach wie vor drei Personen im Cockpit, also zwei Piloten und einen Bordingenieur, was die laufenden Kosten in die Höhe treibt. Trotzdem wird es noch einige Jahre dauern, bis die Tage der Boeing 727 im Einsatz gezählt sind.

Erst die 727 machte Boeing zu einem anerkannten Hersteller von Verkehrsflugzeugen. Erstmals war das Unternehmen aus Seattle gezwungen, in großem Maße auf die Wünsche und Bedürfnisse von potenziellen Kunden einzugehen. Anders als zuvor mit der 707 schuf man sich keinen Markt, sondern musste auf die Bedürfnisse eines vorhandenen Marktes reagieren. Faktoren wie Umwelt, Flughäfen, Markt, Flugsicherung, zukünftige Entwicklung der Märkte und der Technologien sowie natürlich die Airlines selbst wurden zum Objekt umfangreicher Studien, die eine wertvolle Datenbank für die Entwicklung neue Verkehrsflugzeugen bildeten

und bis heute bilden. Mit anderen Worten: Die 707 bildete das technische und die 727 das wirtschaftliche Fundament für den Erfolg von Boeing als Hersteller von Verkehrsflugzeugen.

Zum Erfolg überredet

Auch mit dem Kauf der in Philadelphia beheimateten Firma Vertol im Jahr 1960 blieb Boeing seinem Weg treu und konzentrierte sich auf den Bau von großen Luftfahrzeugen. Vertol war spezialisiert auf zweirotorige Großhubschrauber, deren erfolgreichsten Vertreter, die CH-47 »Chinook«, der Hersteller noch heute für die amerikanischen Heeresflieger und die Streitkräfte anderer Länder produziert. Sie flog erstmals im September 1961 und spielte eine wichtige Rolle im Vietnam-Krieg.

■ Schnell wurde die B.727 zu einem echten Arbeitspferd im Kurz- und Mittelstreckenverkehr. Das Bodenpersonal der portugiesischen TAP bereitet diese Maschine gerade für einen Flug vor. *Foto: Boeing*

Allerdings lag das Hauptgewicht der Aktivitäten von Boeing mittlerweile eindeutig im zivilen Bereich. Inzwischen hatte sich die Triebwerkstechnologie weiterentwickelt und ermöglichte den Bau zweistrahliger Verkehrsflugzeuge. Außerdem hatte der Einsatz der 727 und einiger europäischer Flugzeuge den Weg für die Nutzung von Jets auf Kurz- und Mittelstrecken geebnet. Trotzdem wäre eines der bedeutendsten Kapitel in der Boeing-Firmenchronik ohne die Lufthansa möglicherweise niemals geschrieben worden, denn die deutsche Fluggesellschaft musste das amerikanische Unternehmen zum Bau seines inzwischen erfolgreichsten Verkehrsflugzeugs geradezu überreden!

Die Linie mit dem Kranich im Leitwerk war treibende Kraft bei der Definition der Anforderungen und schließlich einer der beiden

Erstkunden für das nächste und kleinste Mitglied der Airliner-Familie des Konzerns im Nordwesten der USA – die Boeing 737. Dabei war das Flugzeug auch bei der Lufthansa zunächst umstritten. Der Aufsichtsrat hatte sogar die DC-9 favorisiert, war dann aber vom *Technischen Ausschuß* von den Vorzügen des Jets aus Seattle überzeugt worden. Aus politischen Gründen war zeitweise auch die britische BAC 1-11 im Rennen um einen Ersatz für die alternden Propellermaschinen vom Typ *Convair Metropolitan*.

Als die Geschäftsleitung des Boeing-Konzerns am 19. Februar 1965 eher halbherzig grünes Licht für die Serienfertigung der Boeing 737 gab, konnte noch niemand absehen, dass sich dieses Flugzeug im Lauf der Jahre als »Arbeitspferd der Luftstraßen« zu einem Bestseller unter den Düsenverkehrsflugzeugen entwickeln

sollte. Die anfängliche Skepsis schien durchaus angebracht angesichts der Tatsache, dass zu Produktionsbeginn nur ganze 21 Bestellungen von der Lufthansa für das Basismodell und 40 für die etwas größere Serie 200 von United Airlines vorlagen.

Der amerikanische Hauptkonkurrent der Flugzeugbauer aus Seattle, die Firma Douglas, hatte mit seiner DC-9 bereits lukrative Aufträge der meisten großen amerikanischen Airlines erhalten, und auch die britische BAC 1-11 wurde bereits an Fluggesellschaften in Europa und den USA ausgeliefert. Der Markt der Kurzstreckenjets mit einer Kapazität von einhundert Sitzplätzen schien bereits aufgeteilt. Boeing konnte und wollte diesen Bereich jedoch nicht kampflos aufgeben, denn eine vergrößerte Version der DC-9 konnte sogar die Boeing 727 gefährden. Das Unternehmen musste die 737 bauen, auch wenn es ein großes finanzielles Risiko darstellte. So machten die Offiziellen von Boeing keine zuversichtlichen Gesichter, als die 737 am 8. August 1967 auf Boeing Field zu ihrem Erstflug startete.

Bei der Flugerprobung verlief zunächst nicht alles glatt, vor allem die Aerodynamik bereitete ernsthafte Probleme. Der Luftwiderstand war höher als ursprünglich gedacht, und so erreichte die kleine Boeing zunächst nicht die geforderten Flugleistungen. Auch mit der Längsstabilität gab es anfangs Schwierigkeiten. Dies alles lag hauptsächlich daran, dass die Konstrukteure den gleichen Rumpfquerschnitt wie bei der 707 und 727 gewählt hatten. Die 737 wirkte im Gegensatz zur DC-9 eher kurz und dick,

was ihr schnell diverse Spitznamen einbrachte wie zum Beispiel »Luftstraßenschwein« oder »Kraft-Ei«. Letzterer verweist auf eine weitere Eigenschaft der Maschine: Da sie auch mit einem Triebwerk sicher fliegen musste, war sie mit beiden Aggregaten vom Typ Pratt & Whitney JT-8D ausgesprochen gut motorisiert. Sie verfügte über gute Starteigenschaften und eine enorme Steigleistung. Die Passagierkapazität der 737-100 war mit zunächst 103 Sitzen größer als die der DC-9. Gleichzeitig machte es der große Rumpfquerschnitt möglich, auch normale Frachtcontainer zu transportieren. Diese Flexibilität und die geringeren Kosten pro Sitzkilometer machten die 737 im Vergleich zu den Konkurrenzmodellen schließlich zum wirtschaftlicheren Flugzeug.

Zunächst galt es jedoch, den Vorsprung von Douglas einzuholen. Immerhin standen schon 228 DC-9 im Einsatz, als am 28. Dezember 1967 die erste Boeing 737 »City Jet« an die Deutsche Lufthansa ausgeliefert wurde. Garant für den Erfolg der 737 war die um knapp 2 m verlängerte Version 737-200, deren erstes Exemplar am 21. Dezember 1967, also eine Woche früher als das erste Lufthansa-Flugzeug, an United Airlines ausgeliefert wurde.

Kurze Zeit später folgte eine Kombi-Version mit einer großen Frachttür im vorderen Rumpfbereich. Ab Mai 1971 wurde die B.737-200 »Advanced« zum Standardmodell. Es verfügte über stärkere und leisere Triebwerke sowie eine modernisierte Inneneinrichtung.

■ **Der große Verkaufserfolg stellte sich erst mit der verlängerten Boeing 727-200 ein.** *Foto: Boeing*

Vertrauen zahlt sich aus

Anfang der 70er-Jahre brach die Nachfrage für die B.737 auf dem wichtigen Inlandsmarkt beinahe zusammen. Ganze 37 Bestellungen gingen im Jahr 1970 ein! Die Verantwortlichen bei Boeing beschlossen, die 737 aggressiver im Ausland zu vermarkten. Um auch Kunden in der Dritten Welt für die 737 zu gewinnen, bot man einen Umrüstsatz für Operationen von unbefestigten Flugplätzen an. Mit Erfolg, denn schon bald stieg die Nachfrage für den Typ in Afrika und Südamerika. Auf diese Weise verhinderte das Unternehmen, dass es die 737 aus der Produktion nehmen musste.

Der Verkaufsvorsprung der DC-9 schmolz nun langsam zusammen. Letztendlich zahlte sich das Vertrauen der Ingenieure und Manager von Boeing in ihr Produkt aus. Als die Produktion der B.737-200 im August 1988 mit der 1114. Maschine zu Ende ging, hatten nicht weniger als 117 Betreiber auf der ganzen Welt den kleinsten Spross der Boeing-Familie im Einsatz.

Doch damit war die Geschichte der 737 keineswegs zu Ende. Die Triebwerke waren während der gesamten Bauzeit in einem atemberaubendem Tempo weiterentwickelt worden. Es stand nun eine neue Generation zur Verfügung, die nicht nur erheblich sparsamer

war, sondern auch in Bezug auf die Lärmemission einen gewaltigen Schritt nach vorn getan hatte.

Boeing erkannte, dass sich das Konzept der 737 zwar noch weiter vermarkten ließ, aber grundlegende Verbesserungen notwendig waren, wollte man auch in Zukunft den hohen Marktanteil in dieser Kategorie behaupten. Vor allem die höheren Preise für Flugbenzin und verschärfte Lärmschutzbestimmungen erforderten modernere Triebwerke. So entstand mit der 120-sitzigen Serie 300 ein grundlegend überarbeitetes Flugzeug, das neue Technologien mit den Vorzügen eines bereits bewährten Entwurfs zu einem überaus sicheren, wirtschaftlichen und zuverlässigen Verkehrsflugzeug verband. Die erste Maschine dieser neuen Generation startete in Renton bei Seattle am 24. Februar 1984 zu ihrem Erstflug, die Musterzulassung erfolgte am 14. November des gleichen Jahres nach 1300 Stunden Flugerprobung.

Als Antrieb diente das Triebwerk CFM-56, das die französische Firma SNECMA und der amerikanische Hersteller General Electric gemeinsam fertigten; es gehört bis heute zu den sparsamsten und leisesten seiner Klasse. Da die Triebwerke dieses Typs erheblich größer waren als die bisher verwendeten JT-8, mussten die Aufhängungen vollkommen neu entworfen werden. Waren die alten Aggregate noch direkt unter den Tragflächen montiert, so mussten die CFM-56 nun an Pylonen vor und unter den Flügeln aufgehängt werden. Die zunächst befürchteten aerodynamischen Probleme traten zum Glück nicht auf. Ganz im Gegenteil: Die Widerstandswerte waren geringer als beim alten Muster. Die Triebwerksgondeln wurden unten abgeflacht, um die Gefahr des Einsaugens von Fremdkörpern am Boden zu minimieren. Im Bereich der Aerodynamik nahmen die Ingenieure zahlreiche Verfeinerungen vor, die zusammen mit einem geringeren Gewicht durch Verwendung von Kunststoffen im Bereich der Steuerflächen und Triebwerkverkleidungen hauptsächlich der Geschwindigkeit und Wirtschaftlichkeit des Musters zugute kamen.

Boeing legte von Anfang an großen Wert darauf, dass die Piloten des Vorgängermodells ohne größere Probleme auf das neue Muster umschulen konnten. Die Flugzeugführer durften nach einer kurzen Einweisung beide Varianten des Typs fliegen. Unter den Piloten hört man kaum kritische Stimmen zur B.737-200, denn die moderne Technik im Cockpit reduziert die hohe Arbeitsbelastung der Crews auf Kurzstrecken erheblich. Übersichtliche Bildschirme ersetzten den früher üblichen, aufwändigen und störungsanfälligeren Instrumentenwust, und ein computergestütztes »Flight Management System« passt Navigation, Flugstrecke und Triebwerksleistung automatisch so an, dass optimale Verbrauchswerte erreicht werden. Viele dieser Systeme hatten bereits vor dem Einbau in die 737 ihre Bewährungsprobe in den Mittel- und Langstreckenjets vom Typ Boeing 757 und 767 bestanden. Das galt auch für die geräumig wirkende Inneneinrichtung, die in großem Umfang aus der 757 stammt.

■ **Zu den zahlreichen europäischen Fluggesellschaften, die die B.727-200 einsetzen, zählt auch die Iberia aus Spanien, die diesen Typ auf ihren Charter- und Linienflügen nutzt.** *Foto: U. Schäfer*

■ Zahlreiche Boeing 727 wurden mittlerweile für den Frachtverkehr umgerüstet. Diese Maschine fliegt für den Lufthansa-Partner Hinduja Cargo Services.
Foto: Lufthansa

■ Der Großhubschrauber CH-47 Chinook leistet neben seinen militärischen Aufgaben auch wertvolle Dienste im humanitären Einsatz. Diese Maschine entlädt gerade Hilfsgüter in El Salvador.
Foto: Boeing

■ Diese frühe Studie zeigt die Boeing 737 noch als ein relativ kleines Flugzeug.
Foto: Boeing

■ Die erste Boeing 737-130 für die Deutsche Lufthansa bei der Endmontage in Renton. Zusammen mit United Airlines war Lufthansa Erstkunde für diesen Typ.
Foto: Lufthansa

Eine Familie entsteht

Es scheint, als hätten die Fluggesellschaften nur auf dieses Flugzeug gewartet. Bereits im Jahr 1985 lagen für die 737-300 über 250 Bestellungen von 26 Fluggesellschaften vor. Endlich hatte man in Seattle die DC-9 überholt.

Die etwa 30 Millionen Dollar teure B.737-300 war dabei nur der Ausgangspunkt für eine ganze Flugzeugfamilie, die mit der kürzeren Serie 500 und der verlängerten Version 400 die gesamte Bandbreite von 100 bis zu maximal 168 Sitzplätzen sowie von der Kurz- bis zur echten Langstrecke von mehr als 5000 km umfasst. Triebwerke, Systeme und Cockpitinstrumentierung sind dabei

zur Nummer eins unter den Düsenverkehrsflugzeugen machte. Bis zu diesem Zeitpunkt hatten Boeing 737 aller Versionen etwa 3,6 Milliarden Passagiere befördert und dabei nicht weniger als 28 Milliarden Flugkilometer zurückgelegt. Das war gleich bedeutend mit 47,5 Millionen Flugstunden im Dienst von 156 Fluggesellschaften in 78 Ländern.

Anfang 1997 startete mit der B.737-700 auch die neueste Version in eine – glaubt man den bis jetzt vorliegenden Bestellungen – erfolgreiche Zukunft. Erneute Verfeinerungen bei der Aerodynamik, verbesserte Triebwerke und vollkommen neue Tragflächen sollen der 737-Familie auch gegen den inzwischen in Europa herangewachsenen, ernsthaften Konkurrenten Airbus die Führungsposition auf dem Weltmarkt sichern. Diese neue Generation der 737 zeichnet sich durch eine größere Reisegeschwindigkeit und Flughöhe sowie eine erheblich gesteigerte Reichweite aus. Wiederum handelt es sich um eine ganze Familie, die sich in der Größe der Flugzeuge an den Modellen -300/-400/-500 orientiert. Erstkunden waren für die 737-700 Southwest Airlines aus den USA und die europäische SAS für das kleine Modell -600. Die Version -800 für maximal 189 Passagiere in der Touristenklasse wurde im November 1994 von der deutschen Ferienfluglinie Hapag-Lloyd auf den Weg gebracht, die inzwischen über 27 Flugzeuge des Typs verfügt.

Mit der 737-900 für maximal 177 Passagiere in einer Zweiklassen-Konfiguration macht Boeing inzwischen sogar einem eigenen Produkt, der B.757, Konkurrenz, um ähnlich wie Airbus eine ganze Flugzeugfamilie anzubieten, die von den gleichen Piloten mit den gleichen Lizenzen geflogen werden kann.

Seit 1998 tritt Boeing auch mit einer Version als Geschäftsreiseflugzeug an, die mittlerweile mehr als 70 Mal verkauft wurde. Vor allem der geräumige Rumpf und die große Reichweite machen den »BBJ« auch bei einem Preis von 35 Millionen Dollar zu einem attraktiven Flugzeug für große Firmen und statusbewusste Privatleute.

Die Boeing 737 ist inzwischen *der* Bestseller unter den Verkehrsflugzeugen und wird es auch auf absehbare Zeit bleiben, denn auch von der neuen Generation wurden mittlerweile bereits mehr als 1800 Flugzeuge bestellt.

weitgehend identisch, so dass die Besatzungen zwischen den einzelnen Versionen wechseln können. So sind die Fluggesellschaften nun in der Lage, kurzfristig das eingesetzte Flugzeug dem augenblicklichen Bedarf auf einer Strecke anzupassen.

Kein Wunder, dass schon bis Ende 1992 mehr als 3000 Flugzeuge aller 737-Versionen verkauft waren, was den Typ unangefochten

■ Mit einer Bestellung von 40 Exemplaren der etwas längeren Serie -200 half United Airlines, das erfolgreichste Kind der Boeing-Familie auf den Weg zu bringen.

Foto: H. Gerresheim

■ Aloha Airlines aus Hawaii setzte bis zum Jahr 2001 ausschließlich Boeing 737 auf ihrem Streckennetz ein.

Foto: Archiv Gerresheim

■ Einige B.737-200 baute man zu Frachtern um. Diese beiden Maschinen standen für einige Zeit bei Lufthansa Cargo im Einsatz und werden hier gerade in Frankfurt beladen.
Foto: Lufthansa

■ Als einer der wenigen militärischen Betreiber besitzt die indonesische Luftwaffe drei Boeing 737-200, die für die Küstenüberwachung umgebaut wurden.
Foto: Boeing

■ Die Boeing 737-300 war das erste Modell einer vollkommen überarbeiteten Version der Boeing 737. Diese Maschine der Australian Airlines wird gerade in Sydney startklar gemacht.
Foto: H. Gerresheim

■ Die Deutsche BA setzt seit ihrer Gründung im Jahr 1992 fast ausschließlich auf die Boeing 737-300 zum Aufbau ihres hauptsächlich innerdeutschen Streckennetzes.
Foto: H. Gerresheim

■ Eine Boeing 737-400 der Air Berlin wartet auf dem Vorfeld des Auslieferungszentrums in Boeing Field auf die Übernahme durch ihren Besitzer.
Foto: Boeing

■ Zu den exotischeren Betreibern der Boeing 737 zählt die Air Ukraine, deren erstes Exemplar der Serie 400 hier in Boeing Field zum Auslieferungsflug startet.
Foto: Boeing

■ Diese spektakuläre Startaufnahme zeigt den Erstflug der Boeing 737-500 am 30. Juni 1989 in Renton.
Foto: Lufthansa

■ Unten: Gerade für kleinere Fluggesellschaften war die B.737-500 ein attraktives Flugzeug, obwohl sie auch über eine genügende Reichweite für Langstrecken verfügte.
Foto: Boeing

■ Rechte Seite: Im Jahr 1993 brachte Boeing eine neue Generation der 737 auf den Weg. Die drei Versionen -600/-700/-800 repräsentieren neue Varianten der Serien -300, -400 und -500.
Foto: Boeing

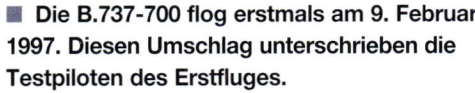

■ Die B.737-700 flog erstmals am 9. Februar
1997. Diesen Umschlag unterschrieben die
Testpiloten des Erstfluges.

Foto: Archiv Gerresheim

■ Der deutsche Charterflieger Hapag-Lloyd
war der erste Kunde für die Ausführung
B.737-800. Anfang 2001 übernahm die in
Hannover beheimatete Airline drei
Flugzeuge dieses Typs an einem Tag.

Foto: Hapag-Lloyd

127

■ Eine Boeing 737-800 der Sun Country Airlines aus den USA landet nach einem Testflug vor der Auslieferung auf Boeing Field.
Foto: H. Gerresheim

■ Unten: Mit dem Modell BBJ bietet Boeing auch einen Geschäftsreise-Jet auf der Basis der B.737 an. Ausgerüstet mit Winglets an den Flügelspitzen hat sie eine maximale Reichweite von 11.000 Kilometern.
Foto: Boeing

■ Rechte Seite: Die B.737-900 ist die vorläufig größte Version der Boeing 737 und bietet Platz für maximal 177 Passagiere.
Foto: Boeing

8. Jumbos und Mondraketen

Auf dem Weg zum Großraumflugzeug

Nicht nur im Luftverkehr wollte Boeing hoch hinaus. Bereits im Jahr 1961 hatten sich die Manager einen prestigeträchtigen Regierungsauftrag gesichert, der das Unternehmen zu einem bedeutenden Teilnehmer am ehrgeizigen Mondflugprogramm der NASA machte. Dabei handelte es sich wieder einmal um einen Superlativ – die erste Stufe der gewaltigen Saturn-V-Rakete die am 16. Juli 1969 drei amerikanische Astronauten zum Mond brachte.

Für dieses Projekt griffen die Konstrukteure auf das Know-how zurück, das sie seit 1958 beim Bau von rund 1000 *Minuteman-Interkontinentalraketen* für die Streitkräfte gesammelt hatten. Außerdem zeichnete Boeing für die Systemintegration des Apollo-Programms verantwortlich.

Ebenso gehörten Satelliten wie zum Beispiel die unbemannten Mondsonden, die Mitte der 60er-Jahre zur Vorbereitung der Apollo-Missionen Hunderte von Fotos von der Mondoberfläche zur Erde funkten, zum Raumfahrtprogramm des Konzerns. Auch das *Lunar Roving Vehicle*, das den Astronauten von drei Apollo-Missionen längere Ausflüge auf der Mondoberfläche ermöglichte, entstand bei Boeing. Als weiteres Weltraumprojekt entwickelten die Konstrukteure des Flugzeugherstellers die *Mariner 10-Raumsonde*, die im Jahr 1973 aus dem Weltall Bilder von den Planeten Venus und Merkur für die NASA funkte.

■ **Zwei Jumbo-Jet-Generationen: Der erste Prototyp und die erste B.747-400 im Formationsflug über der Innenstadt von Seattle.**
Foto: Boeing

Nicht ganz so gut lief es zu dieser Zeit im zivilen Bereich, denn Mitte der 60er-Jahre befand sich die Firma Boeing in einem Dilemma. Der Luftverkehr hatte in den vergangenen Jahren fast explosionsartig zugenommen, und selbst vorsichtige Fachleute prognostizierten zumindest ein Anhalten dieses Wachstums. Viele Fluggesellschaften – allen voran wieder einmal Pan American – forderten größere und wirtschaftlichere Flugzeuge für ihre Langstrecken.

Während Douglas seine DC-8 durch Streckung bereits auf eine Kapazität von bis zu 250 Passagieren gebracht hatte, stießen die Konstrukteure von Boeing an die technischen Grenzen ihrer sonst so erfolgreichen 707, als sie es dem kalifornischen Konkurrenten gleichtun wollten. Nach umfangreichen Studien präsentierten die Ingenieure verschiedene Varianten einer B.707-800 für bis zu 279 Passagiere. Der Rumpf dieses Modells sollte um 17 Meter länger sein!

Allerdings gab es bei dieser Version ernsthafte Probleme mit dem Hauptfahrwerk. Es war relativ kurz, weshalb die Gefahr bestand, dass bei Start und Landung das Rumpfheck den Boden berührt. Außerdem hätte ein neues Fahrwerk auch den Umbau der Fahrwerksschächte und damit des gesamten Mittelflügels nach sich gezogen, kurzum: Die Boeing 707-800 wäre zwar für viele Airlines eine ökonomische Alternative zur DC-8 gewesen, scheiterte aber an den hohen Entwicklungskosten.

Boeing musste nach anderen Wegen suchen. Hier kam dem Unternehmen ein Umstand entgegen, der zunächst als Rückschlag begann. Seit 1962 hatte Boeing im Wettbewerb mit Lockheed und McDonnell-Douglas an einem Großraumtransporter für die Luftwaffe gearbeitet. Als Konkurrent Lockheed schließlich im August 1965 den begehrten Zuschlag zum Bau der C-5A »Galaxy« erhielt, hatte Boeing nicht nur ein großes Knowhow in Bezug auf Großraumflugzeuge erworben, sondern es gab auch inzwischen eine Triebwerksgattung, die in der Lage war, solch riesige Flugzeuge anzutreiben. Mantelstromtriebwerke mit einem sehr hohen Nebenstromverhältnis versprachen eine hohe Leistung bei günstigem Treibstoffverbrauch und einem erheblich

■ Rechts: Seit 1971 flog bei den Apollo-Missionen auch das berühmte Mondauto mit, das so genannte LRV. Entwickelt und gebaut wurde das Vehikel von Ingenieuren der Firma Boeing. *Foto: NASA*

■ Linke Seite: Am 16. Juli 1969 startete Apollo 11 und brachte erstmals Menschen auf den Mond. Die erste Stufe der gewaltigen »Saturn V« Rakete stammte von Boeing. *Foto: NASA*

■ Werbung in den späten 60er-Jahren: Im Stil der Zeit präsentiert die junge Dame verschiedene Entwürfe zum Projekt Boeing 747.
Foto: Boeing

■ Am 30. September 1968 war es so weit: Boeing stellte einer staunenden Öffentlichkeit erstmals die 747 vor. Insgesamt 26 Stewardessen repräsentierten bei diesem Anlass die Airlines, die bis zu diesem Tag den neuen Flugzeugtyp bestellt hatten. *Foto: Boeing*

In Rekordzeit ließ Boeing eigens für die 747 ein riesiges neues Flugzeugwerk in Everett, 60 Kilometer nördlich von Seattle, bauen. Heute entstehen dort alle Großraumjets des Unternehmens. *Foto: Boeing*

Wieder einmal war Pan Am der Initiator eines revolutionären neuen Flugzeuges. Insgesamt setzte die Airline nicht weniger als 65 Flugzeuge verschiedener Versionen des Jumbo Jets ein. *Foto: Boeing*

135

■ **Trotz ihrer Größe zählt die Boeing 747 – hier eine 747-100 von Braniff International – bis heute zu den schnellsten Verkehrsflugzeugen der Welt.** *Foto: Boeing*

verringerten Lärmpegel. General Electric und Pratt & Whitney hatten für das Luftwaffenprojekt jeweils entsprechende Aggregate in der Entwicklung.

Nach dem Verlust der Luftwaffenausschreibung gab es bei Boeing freie Kapazitäten und so kam es Boeing-Chef Bill Allen nur gelegen, dass fast zeitgleich Juan Trippe von Pan American an das Unternehmen herantrat, um die Möglichkeiten für ein Großraumflugzeug zu diskutieren. Buchstäblich über Nacht ging Boeing darauf ein und rief Chefingenieur Joe Sutter aus dem Urlaub zurück. Unter Sutters Leitung begann ein hundertköpfiges Team, Vorschläge für ein Modell 747 zu erarbeiten.

Boeings bester Kunde

Wieder einmal war es die Pan American, die ein Airliner-Projekt von Boeing auf den Weg brachte. An dieser Stelle lohnt sich ein genauerer Blick auf diese Fluggesellschaft und auf Juan Trippe, ihren Gründer und große Vaterfigur.

Geboren im Jahr 1899, gründete Trippe bereits im Jahr 1923 in New York seine erste Fluggesellschaft. Schon nach einem Jahr

beförderte seine *Colonial Air Transport* Luftpost auf der Route von New York nach Boston. Weitere zwei Jahre später eröffnete er eine weitere Linie, die die erste internationale Luftpostroute zwischen Florida und Kuba bediente. 1927 schloss er sich mit Pan American Airways (PAA) zusammen und übernahm die Leitung dieses Unternehmens. Nicht weniger als 41 Jahre stand er als Direktor und Aufsichtsratsvorsitzender der PAA vor. Bis 1968 drückte er in diesen Funktionen der Entwicklung der Zivilluftfahrt in den USA seinen Stempel auf.

In den Jahren vor dem Zweiten Weltkrieg konzentrierte sich Trippe zunächst auf den Aufbau eines Liniennetzes in der Karibik und in Mittelamerika, das sich schnell in Richtung Südamerika bis nach Santiago de Chile und Buenos Aires ausweitete. Dabei half ihm der berühmte Atlantikflieger Charles Lindbergh, der im Auftrag von Pan American zahlreiche Erkundungsflüge in diese Region unternahm. Die fruchtbare Zusammenarbeit dauerte bis weit in die 30er-Jahre hinein. Während dieser Zeit erforschte Lindbergh auch die Strecken über den Atlantik nach Europa und den Pazifik nach Asien. Besonders die Langstrecken machten Pan American Airways weltweit berühmt und leiteten die langjährige Zusammenarbeit mit Boeing ein, aus der die

■ Eine B.747-230 beim Start: Die Deutsche Lufthansa bestellte den Jumbo Jet als erste europäische Fluggesellschaft.
Foto: Lufthansa

Stratoliner, die Clipper-Flugboote und die Stratocruiser hervorgingen.

Nach dem Zweiten Weltkrieg wurde Trippe zum Verfechter eines für die breite Masse erschwinglichen Luftverkehrs und Boeing gab ihm mit der 707 das erste Werkzeug dazu in die Hand. Der Wunsch nach einem Großraumjet war daher nur die logische Weiterentwicklung dieser Politik.

Ein Gentleman-Agreement – die Boeing 747

Von heute aus betrachtet erscheint es unvermeidlich, dass sich ausgerechnet die beiden Giganten der Zivilluftfahrt – Bill Allen für Boeing und Juan Trippe für Pan American – zusammentaten, um ein Flugzeug zu schaffen, das den Luftverkehr revolutionierte. Ganz in Stil der damaligen Zeit war es anfangs ein Gentleman-Agreement über den Kauf von 25 Maschinen, das den Stein in Richtung des ersten zivilen Großraumjets der Luftfahrtgeschichte ins Rollen brachte. Trippe erklärte, er würde das Flugzeug kaufen, wenn Boeing es baut und Allen erwiderte, dass er das Flugzeug bauen würde, wenn Pan Am es kauft – so einfach ging das! Erst später, am 13. April 1966, wurde daraus eine schriftlich festgehaltene Absichtserklärung.

Damit erschöpften sich allerdings auch die Einfachheiten, denn die Zusammenarbeit von Boeing-Ingenieuren und Pan Ams technischen Beratern war ebenso fruchtbar wie kompliziert. Ein langes Hin und Her zwischen Aspekten von Wirtschaftlichkeit, technischer Machbarkeit, Kosten sowie immer wieder von Gewichten und Flugleistungen begann.

Verständlicherweise wollte die Fluglinie für ihre enorme Investition von 525 Millionen Dollar auch ein gewichtiges Wort mitreden. Das fing schon bei der grundsätzlichen Auslegung der Maschine an. Nicht weniger als 50 verschiedene Konfigurationen testete man in insgesamt 15.000 Stunden von Windkanalversuchen. Trippe und seine Leute waren jedoch fest davon überzeugt, dass die Boeing 747 nur eine Übergangslösung darstellte bis zum Bau der ersten Überschallverkehrsflugzeuge. Deshalb erhielt die 747 ihre unverwechselbare Erscheinung mit dem aufgesetzten Cockpit. Auf diese Weise waren die Flugzeuge später auch als Frachter einsetzbar, die man durch einen abklappbaren Bug be- und entladen konnte. Letztendlich bestimmte somit die Größe von Standardcontainern für Schifffahrt, Bahn- und Lkw-Transport den Rumpfquerschnitt. Obwohl die damaligen Experten mit ihrer Prognose nicht ganz richtig lagen, scheint heute die Zukunft der 747 tatsächlich im Frachtbereich zu liegen. Mittlerweile verkauft Boeing mehr Fracht- als Passagiermaschi-

■ Das Modell -200 machte die 747 schnell zum Standardflugzeug für die interkontinentalen Langstrecken. Diese Maschine der Singapore Airlines befindet sich im Landeanflug auf Frankfurt.

Foto: H. Gerresheim

■ Die Lufthansa erkannte schon früh das Potenzial der 747 als Frachtflugzeug und erwarb 1971 als erste Fluggesellschaft eine Maschine der reinen Frachtversion B.747-200F.

Foto: Lufthansa

nen dieses Typs und immer mehr Flugzeuge werden zu Frachtern umgebaut.

So ganz nebenbei kehrte Pan Am mit der Boeing 747 zu einer alten Tradition zurück. In der charakteristischen aerodynamischen Verkleidung hinter dem Cockpit richtete man für die Passagiere der ersten Klasse eine Bar ein, die durch eine Wendeltreppe erreichbar war.

Über die grundsätzliche Auslegung des neuen Flugzeuges als Großraumjet mit großer Reichweite wurden sich beide Parteien schnell einig. Ansonsten wären Bill Allen und seine Kollegen aus der Firmenleitung wohl auch nicht bereit gewesen, dieses hohe Risiko einzugehen. Wieder einmal setzte Boeing die wirtschaftliche Zukunft des Unternehmens aufs Spiel – die veranschlagten Kosten für das Projekt überstiegen den Nettowert des gesamten Unternehmens.

Eine neue Dimension

Eines der größten Probleme stellte für die Flugzeugbauer in Seattle die Serienproduktion der neuen B.747 dar. Mit einer Spannweite von fast 60 Metern und einer Länge von mehr als 70 Metern war keine der bisher existierenden Produktionshallen in der Lage, das gewaltige Flugzeug aufzunehmen. Aus diesem Grund investierte Boeing nochmals 200 Millionen Dollar zusätzlich, um parallel zur Entwicklung der 747 ein vollkommen neues Werk zu errichten. Das geschah unter großem Zeitdruck, denn schließlich musste der Prototyp bereits in den neuen Montagehallen zusammengebaut werden. Wie Malcolm Stamper, seit Frühjahr 1966 Projektleiter für die Boeing 747, es später formulierte: »Wir mussten dem Flugzeug immer mindestens einen Schritt voraus sein.« Im Grunde entstanden die erste Boeing 747 und ihre Produktionsstätte fast gleichzeitig.

Im Juni 1966, drei Monate nach dem offiziellen Programmstart, erwarb Boeing ein 313 Hektar großes Waldgelände in der Nähe von Everett, etwa 60 km nördlich von Seattle. Nach der Rodung und Einebnung entstand als Erstes eine Eisenbahnlinie, um zunächst Baumaterial und später Flugzeugkomponenten nach Everett zu schaffen. Bereits Ende des Jahres 1966 rollten die ersten, mit Stahlträgern beladenen Züge über die Strecke, die mit einer Steigung von bis zu 5,6 Prozent zu den steilsten des Landes zählt. Insgesamt transportierte die Eisenbahn bis zum Dezember 1967 nicht weniger als 34.000 Tonnen Material zur Baustelle. Dabei waren die Wetterverhältnisse alles andere als optimal: Im Herbst 1966 regnete es nicht weniger als 67 Tage am Stück! Fünf Millionen

Ein sattes Biest ist ein zufriedenes Biest

PAN AM
747 Frachter

■ Seit Anfang der 70er-Jahre setzte auch Pan Am Jumbo-Frachter ein, wie dieser Werbeaufkleber zeigt. *Foto: Archiv Gerresheim*

Dollar kostete es allein, die Erdrutsche und Schlammlawinen zu beseitigen.

Noch während der Bauarbeiten zogen im Januar 1967 die ersten Arbeiter von Boeing in das erste halb fertige Gebäude ein und begannen mit der Montage der Rumpfattrappe, die dringend zur Erprobung benötigt wurde. Schließlich verfügte man damals noch nicht über die heutigen Computersysteme, die solche Modelle überflüssig machen. Die »Incredibles« – die »Unglaublichen«, wie man diese Mitarbeiter schon bald nennen sollte – arbeiteten quasi im Freien und trugen Schutzhelme, um auf der Baustelle geschützt zu sein. Als die Montagehalle im Dezember 1967 endlich fertig gestellt war, hatte man das mit einem Volumen von 5,8

Millionen Kubikmetern größte Gebäude der Welt aus dem Boden gestampft. Der Bau der gesamten Anlage mit Bürogebäuden, Lackierungshangar und natürlich einem riesigen Vorfeld dauerte allerdings noch bis 1969.

Auch auf vielen anderen Gebieten betrat Boeing vollkommenes Neuland, um dieses anspruchsvolle Projekt zu verwirklichen. Produktionsprozesse mussten vollkommen neu überdacht und zahlreiche Subunternehmer und Zulieferer in das Projekt integriert werden. Dabei galt es sicherzustellen, dass alle Teile problemlos passten und immer rechtzeitig zur Verfügung standen. Bis heute ist dies eine permanente logistische Herausforderung!

Eine eindrucksvolle Aufnahme mit Symbolkraft: Die erste Präsidenten-B. 747, die im Jahr 1990 unter der Bezeichnung VC-25A als »Air Force One« in Dienst gestellt wurde, überfliegt den Mount Rushmore in South Dakota. Hier sind die Portraits der amerikanischen Präsidenten George Washington, Thomas Jefferson, Theodor Roosevelt und Abraham Lincoln in Stein gehauen.
Foto: Boeing

Der Kraftakt

Für Boeing stellte natürlich auch die Entwicklung des Flugzeuges selbst, das immerhin eine Kapazität von bis zu 550 Passagieren

haben sollte, einen großen technologischen Kraftakt dar. Für unzählige Probleme mussten neue, praktikable und wirtschaftliche Lösungen gefunden werden, und so ist es beeindruckend, dass vom Startschuss für das Projekt bis zum endgültigen Festlegen der Grundauslegung nur ein Jahr verging.

Dabei lag die Tücke oft im Detail: So mussten die Konstrukteure zum Beispiel für die großen Mengen von Passagiergepäck – die Laderäume der 747 haben immerhin eine Kapazität von bis zu 3400 Gepäckteilen – ein Konzept entwickeln, das die Beladung in einem für die Fluglinie akzeptablen Zeitraum ermöglicht. Schließlich kosten die so genannten Bodenzeiten eine Menge Geld. Die Ingenieure entschlossen sich deshalb zum Einsatz von neuen, leichten Containern, so dass das Be- und Entladen nicht mehr Zeit in Anspruch nahm als bei anderen Flugzeugen.

Die Reichweite der neuen Boeing ermöglichte extreme Langstreckenflüge. Aus diesem Grund machten sich die Techniker darüber Gedanken, wie man 500 Passagiere bei Flügen von zehn Stunden und mehr unterhält. Die Auslegung als Großraumjet ermöglichte erstmals die Installation eines Kinos in der Kabine. Auch diese Neuerung, die aus heutiger Sicht selbstverständlich erscheint, mussten die Konstrukteure der 747 ebenso bewältigen wie die Klimatisierung der Kabine. Immerhin wiegt allein die Luft im Passagierraum der 747 nicht weniger als eine Tonne!

In vielen Bereichen setzten die Ingenieure neue Materialien ein, um das Gewicht des Flugzeuges – dem Schlüssel zu seiner Wirtschaftlichkeit – niedrig zu halten, ohne damit die Stabilität zu beeinträchtigen.

Sicherheit ist Trumpf

Sicherheit war bei diesem Muster noch wichtiger, als bei jedem anderen zuvor, denn ein Unfall beträfe mehr als 500 Passagiere. Ohnehin reagierten Öffentlichkeit und Presse noch mit Zurückhaltung und Skepsis auf das neue Flugzeug. Weder Boeing noch Pan American konnten es sich leisten, durch Unfälle oder gar Katastrophen mit ihrem äußerst ambitionierten und wirtschaftlich riskanten Projekt in die Schlagzeilen zu geraten.

Die amerikanische Zivilluftfahrtbehörde FAA hatte allerdings für ein Flugzeug in dieser Größenordnung noch keine Richtlinien erlassen, so dass Boeing hier ebenfalls Pionierarbeit leistete. Als diese Richtlinien dann schließlich bestanden, ging Boeing noch über diese hinaus. Das Unternehmen wollte kein Risiko eingehen.

Ein wichtiges Problem stellte dabei die Evakuierung der Passagiere im Notfall dar. Nach den Zulassungsbestimmungen der FAA muss ein voll beladenes Flugzeug innerhalb von 90 Sekunden vollständig evakuiert sein. Erste Versuche unternahm man an einem

■ **Die Raumfahrtbehörde NASA setzt eine B.747-100 als Transportflugzeug für ihre Space Shuttle ein.**
Foto: NASA

■ **Die Boeing 747SP war eine Version für extreme Langstrecken. Hier ein Exemplar der Iraqi Airways beim Start in Frankfurt.**
Foto: Archiv Gerresheim

Rumpfmodell ab Februar 1969, doch erst am 15. Januar 1970, wenige Tage vor dem ersten Linienflug, erfüllte das Flugzeug diese Vorgabe nach zwei vorangegangenen Fehlversuchen endgültig. Um die Stabilität der Zelle zu erproben, baute man für viel Geld zwei Bruchzellen: eine für Dauertests und eine weitere für Versuche bis zur Zerstörung. Um fast neun Meter musste man eine Tragfläche nach oben biegen, um sie zu brechen und der hintere Rumpf gab erst bei 107 Prozent der höchsten errechneten Belastung nach.

Alle Hydrauliksysteme in der Boeing 747 sind vierfach vorhanden, statt wie bisher üblich doppelt. Bereits auf dem Erstflug am 9. Februar 1969 schalteten die Piloten zwei der Systeme ab, um die Sicherheit zu überprüfen und sie gleichzeitig der Öffentlichkeit zu demonstrieren. Eine 747 kann mit nur einem funktionstüchtigen System sicher fliegen und landen. Auch das Fahrwerk, das über 18 Räder verfügt, wurde so ausgelegt, dass es auch ausgesprochen harte Landungen verkraftet. Die Liste der technischen Herausforderungen und ihrer Lösung ließe sich unendlich verlängern – sie würde Bände füllen.

Alles an der 747 war – und ist auch heute noch – gigantisch. Das Leitwerk erreicht die Höhe eines sechsstöckigen Hauses. Der Rumpf ist länger als der erste Flug der Gebrüder Wright. Die Fläche der beiden Flügel bietet Parkraum für 90 Mittelklassewagen und die Tanks in den Tragflächen fassen zusammen nicht weniger als 128.700 Liter Kerosin. Fast 280 km Kabel werden in jeder Boeing 747 für die Stromversorgung verlegt, acht km Rohre für Hydraulik und Treibstoffversorgung. Kein Wunder, dass die Maschine schon kurz nach ihrem ersten Auftritt in der Öffentlichkeit von einem offensichtlich beeindruckten Journalisten aus Seattle den zunächst inoffiziellen Beinamen »Jumbo Jet« erhielt.

Und – verblüffend bei dieser Größe – die Boeing 747 war auch leistungsmäßig ein Fortschritt. Die Reichweite der ersten Ausführung betrug für die damalige Zeit unglaubliche 9000 km. Bis heute zählt die Maschine mit einer Reisegeschwindigkeit von Mach 0,85 zu den schnellsten Airlinern der Welt. Auf frühen Testflügen erreichte die 747 sogar Geschwindigkeiten von bis zu Mach 0,99.

■ **Diese B.747SP wird zurzeit zur Plattform für ein leistungsfähiges Teleskop umgebaut. Beteiligt an dem Projekt ist neben der NASA auch die Deutsche Forschungsanstalt DLR.** *Foto: NASA*

Das Statussymbol der Airlines

Noch bevor die erste Boeing 747 am 30. September 1968 die Werkhalle in Everett verließ, war sie schon zu einem Statussymbol für Airlines auf der ganzen Welt geworden. Wen die 707 noch nicht dahin gebracht hatte, den holte spätestens die 747 auf die Boeing-Kundenliste.

Bei der Roll-Out-Zeremonie repräsentierten 26 Stewardessen die Fluggesellschaften, die zu diesem Zeitpunkt bereits über 200 Flugzeuge bestellt hatten. Auch die Deutsche Lufthansa hatte kurze nach Pan American, im Juli 1966, als erste europäische Airline drei Exemplare geordert.

Nicht wenige Kundenvertreter und auch Mitarbeiter von Boeing sahen dem Erstflug der Maschine mit dem Kennzeichen N7470 gespannt, teilweise auch besorgt, entgegen. Am Morgen des 9. Februar 1969 war es schließlich so weit: Testpilot Jack Waddell schob die vier Schubhebel nach vorn und nach einer Rollstrecke von nur 1300 Metern hob der Prototyp »City of Everett« von der Startbahn von *Paine Field* neben dem neuen Boeing-Werk ab. Die Ära der Großraumjets in der zivilen Luftfahrt hatte begonnen.

Schon kurz nach dem Start teilte Jack Waddell den ebenso gespannten wie erleichterten Zuhörern am Boden mit, dass die Maschine trotz der enormen Größe und des hohen Gewichts – immerhin hatte man gut 27 Tonnen Testinstrumente und 450 kg Wasserballast geladen – sehr zufrieden stellende Flugeigenschaften besaß. Leider musste der Testpilot den Flug, auf dem die »City of Everett« bei ausgefahrenem Fahrwerk eine Geschwindigkeit von rund 450 km/h und eine Höhe von 4500 Metern erreichte, nach einer Stunde und 15 Minuten abbrechen, weil sich ein Problem mit den Landeklappen ergeben hatte. Trotzdem werteten alle Beteiligten den Erstflug der Boeing 747 als Erfolg und Jack Waddell beeilte sich nach der Landung, die Bedenken vieler seiner Kollegen zu zerstreuen: »*Das Flugzeug ist lächerlich leicht zu fliegen und landet fast von selbst. Die Piloten werden es lieben.*«

Sechs Tage später begann das aufwändigste Test- und Zulassungsprogramm, das man jemals einem neuen Verkehrsflugzeug zugemutet hatte. Nacheinander testeten Boeings Ingenieure alle Systeme, steigerten Fluggeschwindigkeit und -höhe und erprobten die Reaktion der Maschine in verschiedensten Flugzuständen und Bedingungen. Wie jedes andere neue Flugzeug unterzogen die Techniker auch die 747 einigen harten Tests. Dazu gehört zum Beispiel die Ermittlung des *Minimum Unstick Speed*, der Minimal-Geschwindigkeit, mit der das Flugzeug in der Lage ist, abzuheben. Zu diesem Zweck wird das Heck mit einem Puffer geschützt, der

meist aus Holz besteht. Das Flugzeug wird beschleunigt und die Nase so weit angehoben, bis das Heck über die Piste schleift. Der Bug steigt weiter in den Himmel, bis das Flugzeug schließlich knapp vor dem Strömungsabriss abhebt.

Auch eine Vollbremsung bei abgeschaltetem Antiblockiersystem gehört zur Erprobung, wobei fast immer ein paar Reifen platzen. Nachdem die Maschine mit rauchendem Fahrwerk stehen geblieben ist, müssen die Crewmitglieder und die bereitstehenden Feuerwehrmänner noch ein paar nervenaufreibende Minuten warten, um sicherzustellen, dass sich kein Feuer entwickelt. Solch spektakuläre Tests werden häufig auf Flugplätzen im Südwesten der USA durchgeführt, die in Wüstengebieten liegen und daher über sehr lange, großzügig angelegte Pisten verfügen.

Bis Mitte Mai 1969 stießen noch vier weitere Flugzeuge zur Erprobungsflotte, die Boeing später wieder umbaute und an Pan American sowie TWA auslieferte. Der Prototyp stand mit Unterbrechungen noch bis zum April 1995 als Testflugzeug im Einsatz und steht heute als Teil des Museum of Flight auf Boeing Field bei Seattle.

■ Die B.747-300 war eine weiterentwickelte Version mit stärkeren Triebwerken und einem verlängerten Oberdeck für bis zu 44 Passagiere. Die australische Ansett nutzte den Typ zum Ausbau ihres internationalen Streckennetzes. *Foto: H. Gerresheim*

■ **Der Prototyp der Boeing 747-400. Tragflächen, Triebwerke und Bordelektronik wurden stark überarbeitet. Diese Version steht heute noch in der Produktion.** *Foto: Boeing*

Triebwerksprobleme

Bei der Flugerprobung der Boeing 747 gab es mit dem Flugzeug selbst nur wenige Probleme, allerdings traten schon bald ernsthafte Schwierigkeiten mit den Triebwerken auf. Leistung und Zuverlässigkeit der JT-9D-1-Aggregate von Pratt & Whitney blieben weit hinter den Vorgaben zurück. Während der 1013 Testflüge mit 1.450 Stunden mussten nicht weniger als 55 Triebwerke ausgetauscht werden. Zum Vergleich: Bei der Erprobung der Boeing 737 brauchten Boeings Techniker nur ein einziges Triebwerk zu ersetzen.

Aufgrund dieser Probleme kam Pratt & Whitney mit der Produktion nicht nach. Gleichzeitig rollte bereits alle drei Tage ein Serienflugzeug aus den Hallen in Everett und musste zunächst ohne Triebwerke geparkt werden. Nicht weniger als 33 Flugzeuge standen schließlich auf dem Vorfeld, die Tragflächen mit Betonblöcken statt mit den so dringend benötigten Triebwerken beschwert. Plötzlich

war der Erfolg des gesamten Programms gefährdet, die Stimmung zwischen den Ingenieuren von Boeing und Pratt & Whitney wurde zusehends gereizter. Sie schoben sich gegenseitig die Schuld zu und kamen der Wahrheit damit recht nahe, denn tatsächlich stellte sich heraus, dass das Hauptproblem von beiden Seiten verursacht worden war. Nach einer genauen Untersuchung fand man nämlich heraus, dass sich die Triebwerke aufgrund der Art ihrer Aufhängung verzogen, weshalb die Turbinenschaufeln wiederum begannen, sich abzuschleifen. Dies beeinträchtigte neben der Leistung und den Verbrauchswerten natürlich auch die Stabilität der Schaufeln. Erst Mitte März 1970, rund zwei Monate nach dem ersten Einsatz der Boeing 747 im Linienverkehr, konnten die Ingenieure das Problem endgültig beheben.

Trotz dieser ernsten Probleme kam das Testprogramm gut vorwärts und bereits im Juni 1969 stellte Boeing die 747 einer beeindruckten Öffentlichkeit auf dem Pariser Aerosalon vor – übrigens gemeinsam mit der französisch-britischen Concorde.

■ Das Cockpit der 747-400 wurde vollkommen neu entworfen und kommt nun mit nur zwei Piloten aus. *Foto: Lufthansa*

Eine neue Ära beginnt

Am 30. Dezember 1969 erhielt die Boeing 747 schließlich die lang ersehnte Musterzulassung, und bereits kurze Zeit später, am 21. Januar 1970 bestiegen die ersten Passagiere den Pan-American-Eröffnungsflug von New York nach London. Pan Am hatte bereits am 12. Dezember, also noch vor der Zulassung durch die FAA, die erste Maschine übernommen. Die 336 Fluggäste mussten jedoch sieben Stunden auf den Abflug des Fluges mit der Nummer PA002 warten, weil die ursprüngliche Maschine

Probleme mit einer Frachttür und – bezeichnenderweise – einem der Triebwerke hatte und deshalb zu ihrer Parkposition am Terminal zurückrollte. Erst um 1.50 Uhr morgens hob »Clipper Victor« von der Piste des New Yorker *John F. Kennedy Airport* ab und läutete eine neue Ära der Verkehrsluftfahrt ein.

Wahrhaftig kein Start nach Maß! Trotzdem begann an diesem Tag eine Erfolgsstory, die alle anfänglichen Erwartungen weit übertreffen sollte.

Als »Clipper Victor« in New York startete, entstanden in Everett bereits die ersten Exemplare einer verbesserten Version, der Serie

■ Anlässlich der EXPO 2000 versah die Deutsche Lufthansa eine ihrer B.747-430 mit einer Sonderlackierung. *Foto: Lufthansa*

200. Dieses Modell unterschied sich äußerlich nur durch eine längere Fensterreihe im Oberdeck von der Serie 100, war aber für eine größere Nutzlast ausgelegt. Es flog erstmals am 11. Oktober 1970 und wurde in 393 Exemplaren verkauft.

Gut ein Jahr später startete mit dem Modell 200F der erste reine Jumbo-Frachter. Erstkunde für dieses Modell war die Deutsche Lufthansa, die bis heute acht Exemplare dieses Typs auf ihrem Streckennetz einsetzt. Durch den aufklappbaren Rumpfbug nehmen die Maschinen bis zu 100 Tonnen Nutzlast auf. Als weitere Entwicklungen folgten im März 1973 die B.747-200 *Convertible*, die wahlweise als Fracht- oder Passagiermaschine eingesetzt werden kann, und im November 1974 das Modell 200 *Combi*, das sowohl Fracht als auch Fluggäste befördert.

Eine Maschine der Convertible-Version stellte im Mai 1991 auf besondere Art und Weise ihre Vielseitigkeit unter Beweis. Als die israelische Fluggesellschaft *El Al* äthiopische Juden aus dem von einem Bürgerkrieg betroffenen Land evakuierte, transportierte die Maschine auf einem Flug die bis heute unübertroffene Zahl von 1087 Menschen! Über Nacht hatte man ein für Frachtflüge eingesetztes Flugzeug mit 760 Sitzen ausgestattet; durch hochklappen der Armstützen fanden mehrere Passagiere auf einem Sitz Platz.

Die große Anzahl von Sitzplätzen erreichte man durch einen geringeren Abstand der Sitzreihen und durch Verzicht auf Bordküchen und einige Toiletten. Im Rahmen dieser Aktion beförderten die Israelis in weniger als 30 Stunden rund 15.000 Menschen von Addis Abeba ins 2500 km entfernte Tel Aviv.

Eine Kurzstreckenversion entstand mit der B.747-100SR, von der Boeing 29 Exemplare nach Japan lieferte. Diese Variante verfügte über 550 Sitze und einen für die höheren Belastungen im Kurzstreckenverkehr verstärkten Rumpf.

Auch die US Luftwaffe übernahm mehrere Flugzeuge des Typs. Vier B.747-200 operieren unter der Bezeichnung E-4 als »Fliegende Feldherrenhügel«.

Eine besondere Anerkennung erfuhr die Boeing 747, als im August 1990 die erste von zwei VC-25A als Präsidentenmaschine der USA ausgeliefert wurde. Im Jahr 1975 erschien außerdem eine Broschüre, die die Boeing 747 als militärischen Frachter beziehungsweise Tanker zeigte. Diese Version kam allerdings nie über das Projektstadium hinaus. Die Raumfahrtbehörde NASA übernahm 1974 eine B-747-100, die seitdem als Transporter für den Space Shuttle dient, den man für Überführungsflüge auf dem Rumpf befestigt.

■ Eine der buntesten B.747 ist die »Wunala Dreaming« der australischen Qantas. Vorbild für diesen Anstrich ist die Kunst der australischen Ureinwohner, der Aborigines. *Foto: T. Achenbach*

Generation der Großraumflugzeuge

Schon bald nach den ersten Einsätzen etablierte sich die Boeing 747 weltweit als Standardflugzeug für Langstrecken. Allerdings sah auch die Konkurrenz, was möglich war. Es dauerte nicht lange, und die 747 war nicht mehr der einzige »Wide-Body« am Himmel.

Mit dem B.747 *Jumbo Jet* begründete Boeing eine ganze Generation von Großraumflugzeugen verschiedener Hersteller in den USA und in Europa, zu denen neben den dreistrahligen Douglas DC-10 (August 1970) und Lockheed TriStar (November 1970) auch der Airbus A.300 zählte, der am 28. Oktober 1972 zu ersten Mal flog.

Boeing geriet erneut in Zugzwang, denn die etwas kleineren Konkurrenzmuster verkauften sich gut. Als Antwort auf diese Herausforderung entstand die Boeing 747SP, die firmenintern unter Anlehnung an den Konstrukteur und enthusiastischen Verfechter des Projektes Joe Sutter auch »Sutters Balloon« hieß. Der Name des Flugzeuges war Programm, denn »SP« stand für

»Special Performance«. Das erreichten die Konstrukteure, indem sie den Rumpf um 14 Meter verkürzten und seine Struktur vereinfachten.

Die 60 Tonnen leichtere Maschine war schneller, flog höher und vor allem weiter als alle bisherigen Versionen der 747. Die Reichweite der 747SP betrug bei voller Nutzlast 11.000 km, maximal 14.500 km. Das ermöglichte erstmals Nonstop-Flüge auf Strecken wie z.B. von New York nach Tokio. Erstkunde war – wer auch sonst – Pan Am, die das Flugzeug ab März 1976 einsetzte.

Die 747SP stellte zahlreiche Weltrekorde auf. Einer der spektakulärsten war die Weltumrundung der »Friendship One« von United Airlines im Januar 1988. Das Flugzeug startete am 29. Januar von Boeing Field und flog via Athen und Taipeh in nur 36 Stunden, 54 Minuten und 15 Sekunden einmal um die Erde – ein bis heute ungebrochener Rekord. Ganz nebenbei erbrachte dieser Flug 500.000 Dollar an Spendengeldern für wohltätige Zwecke.

Leider erreichte das Flugzeug nie die Wirtschaftlichkeit der dreistrahligen Konkurrenzmuster, demzufolge hielt sich der kommerzi-

elle Erfolg für Boeing in engen Grenzen. Ganze 45 Exemplare verkaufte das Unternehmen, von denen heute nur noch wenige im Einsatz stehen.

Einen Erfolg versprechenderen Weg beschritt Boeing mit der 747-300. Das Modell ging im Jahr 1983 in den Liniendienst und verfügte über erheblich verbesserte und damit wirtschaftlichere Triebwerke sowie ein verlängertes Oberdeck, in dem 44 Passagiere der Touristenklasse Platz fanden. Immerhin verkaufte der Hersteller 81 Exemplare dieses Typs, unter anderem in einer Combi-Version, an den Erstkunden Swissair und andere Fluggesellschaften.

Dem Fortschritt angepasst – das Modell 400

Dank des Modells 400 steht B.747 auch heute noch erfolgreich im Einsatz. Mitte der 80er-Jahre zeichnete sich ab, dass man die 747 dem neuesten technischen Standard anpassen musste, um das Programm am Leben zu erhalten.

Boeings Konstrukteure überarbeiteten das Flugzeug auf Basis der 747-300 komplett. Während sie den Rumpf kaum veränderten, rüsteten die Ingenieure das Flugzeug mit neuen Tragflächen mit Winglets und einem aerodynamisch verbesserten Übergang zum

■ **Keinen Erfolg hatte Boeing Anfang der 70er-Jahre mit dem ambitionierten Projekt für ein Überschall-Verkehrsflugzeug.** *Foto: Boeing*

Rumpf aus. Moderne digitale Systeme ermöglichen, dass nur zwei Piloten das Flugzeug fliegen. Einen Bordingenieur gibt es nicht mehr.

Hochmoderne Triebwerke von Pratt & Whitney, General Electric oder Rolls-Royce machen die 747-400 zur leistungsfähigsten aber gleichzeitig wirtschaftlichsten Variante des Typs. Mit voller Zuladung kann sie Strecken von bis zu 12.800 km fliegen und operiert in Flughöhen bis zu 13.000 Metern. Das Modell, das noch heute in der Produktion steht, gibt es auch in Versionen als Frachter, Combi und als Kurzstreckenjet. Erstkunde war die amerikanische Northwest Airlines, die den Typ im Februar 1989 in Dienst stellte.

Die Konkurrenz, vor allem in Form der europäischen Airbusse, ist mittlerweile groß, doch zeigen sich Boeings Manager zuversichtlich, dass die 747 durch fortgesetzte Weiterentwicklung noch viele Jahre in der Produktion stehen wird. Bis heute verkauften die Flugzeugbauer mehr als 1350 Jumbos, ein großer Erfolg, wenn man bedenkt, dass Boeing zunächst mit höchstens 400 gerechnet hatte. Bis heute haben alle bislang gebauten 747 mehr als 32 Milliarden Flugkilometer zurückgelegt und dabei 2,2 Milliarden Menschen transportiert. Diese Zahlen belegen, dass der Jumbo keine Übergangslösung war, wie die geistigen Väter des Projektes ursprünglich gedacht haben. Hier haben die beiden Visionäre Juan F. Trippe und Bill Allen geirrt.

Mit dem Überschallflugzeug fast in den Ruin

Leider stellten Trippe und Allen auch für das andere große Boeing-Projekt dieser Zeit eine Fehlprognose auf. Seit 1952 hatte Boeing an Studien für ein Überschallverkehrsflugzeug gearbeitet und im Jahr 1966 sogar eine eigene Abteilung für dieses Projekt gegründet. Noch im selben Jahr gewann Boeing eine offizielle Ausschreibung der Regierung, und am 23. September 1969 autorisierte Präsident Nixon den Bau eines Prototyps. Der Erstflug war für 1973 geplant, die Produktion sollte im folgenden Jahr beginnen.

Dank großzügiger staatlicher Subventionen machte das Prestigeobjekt Boeing 2707 bis 1971 große Fortschritte. Insgesamt 26 Fluglinien hatten bereits ihr Interesse am Kauf von 122 Flugzeugen bekundet, so dass Bau und Erfolg des ersten amerikanischen Überschall-Verkehrsflugzeuges nur noch eine Formsache zu sein schienen. Doch die Erfahrungen, die man in Europa mit der Concorde und in der Sowjetunion mit der TU-144 machte, zeigten

schon bald, wie schwierig es sein würde, ein solches Flugzeug auch wirtschaftlich zu machen.

Außerdem wuchs in dieser Zeit das Umweltbewusstsein, und zu den großen technologischen Problemen gesellte sich nun auch politischer Widerstand gegen das Projekt. Im März 1971 strich der amerikanische Kongress die Subventionen, weshalb Boeing die Arbeiten an der 2707 einstellen musste. Das 1:1 Modell des Flugzeuges landete für ganze 43.000 Dollar als Attraktion auf einem Vergnügungspark in Florida und Boeing schrieb eine riesige Investition ab.

Plötzlich stand das Unternehmen kurz vor dem Ruin. Die Ölkrise hatte die Bestellungen für Verkehrsflugzeuge fast auf den Nullpunkt fallen lassen. Rund 18 Monate lang ging bei Boeing keine einzige Bestellung aus dem wichtigen Inlandsmarkt ein. Auch die höher ausgefallenen Anlaufkosten für die 747 schlugen sich in den Geschäftsbüchern nieder.

Den einzigen Ausweg aus dieser Krise sah das Management wie bereits nach dem Zweiten Weltkrieg im umfangreichen Abbau von Arbeitsplätzen. Zwischen Anfang 1970 und Oktober 1971 blieben von 80.400 Beschäftigten nach einem Rationalisierungsprogramm nur noch ganze 37.200 übrig. Nun zeigte sich auf fatale Art und Weise, wie viele Betriebe und Arbeitsplätze im Raum Seattle direkt von Boeing abhingen. Die Wirtschaft einer ganzen Region war betroffen. An den Straßen von Seattle tauchten bereits sarkastische Schilder auf: »*Der Letzte, der die Stadt verlässt, möchte doch bitte das Licht ausmachen*«.

Ein neues Management unter der Leitung von Thornton Wilson, vorher verantwortlich für das erfolgreiche Minuteman-Programm, machte sich Ende 1972 daran, den gesamten Konzern neu zu strukturieren. Die Firma wurde in drei Unternehmen aufgeteilt: *Boeing Commercial Airplane Company*, *Boeing Aerospace Company* und *Boeing Vertol Company*. Außerdem weitete man die Aktivitäten auf andere Bereiche aus: Nahverkehrssysteme, Tragflügelboote und Energietechnik sowie ein wichtiger Auftrag der Luftwaffe für 1715 Marschflugkörper retteten Boeing über diese Krisenzeit hinweg.

9. Die sparsamen Zwillinge – B.767 und B.757

Reaktion auf den Markt

In seinem Geschäftsbericht für das Jahr 1972 kündigte Boeing einen wichtigen Schritt auf dem Weg zur Sanierung des Unternehmens an: »*Wir studieren neue Flugzeugtypen, die durch den Einsatz moderner Technologie den Luftverkehr attraktiver und wirtschaftlicher machen werden.*« Treffender hätte man die neuen Projekte nicht beschreiben können, die das Unternehmen zu diesem Zeitpunkt bereits mit zahlreichen Fluggesellschaften diskutierte. Zumal in Europa mit dem Airbus ein ernsthafter Konkurrent heranwuchs, und der Markt geradezu nach neuen Flugzeugen rief. Hinzu kam der Umstand, dass der wirtschaftliche Einbruch in der Zivilluftfahrt Mitte der 70er-Jahre ein Ausmaß erreichte, das für zahlreiche Fluglinien eine existenzielle Bedrohung darstellte. Die Ölpreise schossen in die Höhe, und selbst renommierten Airlines blieb der Gang zum Konkursrichter nicht erspart.

■ **American Airlines zählt zu den frühen Kunden für den sparsamen Zweistrahler aus Seattle. Diese B.767-300 wird gerade auf dem Flughafen Düsseldorf beladen.** *Foto: H. Gerresheim*

Boeing reagierte auf die veränderte Marktsituation und begann mit der Entwicklung von gleich zwei neuen Flugzeugen, den Modellen 767 und 757. Angesichts der finanziellen Lage des Konzerns war dies eine sehr mutige Entscheidung, Boeings Manager setzten auf die Zukunft.

Für die ursprünglich als Boeing 7X7 und 7N7 bezeichneten Maschinen fassten die Konstrukteure zahlreiche verschiedene Auslegungen ins Auge. Zweistrahlig oder dreistrahlig, konventionelles oder T-Leitwerk, verschiedene Größen – kaum eine Möglichkeit ließen die Ingenieure außer Acht, bis sich schließlich im Frühjahr 1978 für beide Typen ein Konzept als Zweistrahler mit konventionellem Leitwerk herauskristallisierte.

Im Sommer 1978 begann Boeing mit dem Bau des neuen Großraumjets 767, nachdem United Airlines am 16. Juli desselben Jahres 30 Exemplare geordert hatte. Die Fluggesellschaft hatte maßgeblich an der Entwicklung der 767 mitgearbeitet, die hauptsächlich auf längeren Inlandsstrecken zum Einsatz kommen sollte. Bei einer Sitzplatzkapazität von bis zu 285 und einem Startgewicht von 136 Tonnen war der Typ zunächst für transkontinentale Flüge in den USA konzipiert.

Um das finanzielle Risiko möglichst gering zu halten, hatte Boeing sich die italienische Firma *Aeritalia* und die japanische *Civil Transport Development Corporation* als Partner für Produktion und Entwicklung mit ins Boot geholt. Die Italiener entwickeln und produzieren vor allem Komponenten aus modernen Verbundwerkstoffen, die bis zu 30 Prozent der Oberfläche des Flugzeuges ausmachen.

Kompromisslose Wirtschaftlichkeit

Schon bald wuchs die Liste der Fluggesellschaften, die den neuen Typ bestellten um weitere wichtige Namen. American Airlines und Delta Airlines unterzeichneten am 15. November 1978 Verträge über die Lieferung von insgesamt 50 Maschinen im Wert von 1,9 Milliarden Dollar. Boeing schien mit der 767 genau das Flugzeug konstruiert zu haben, das die Fluggesellschaften suchten.

Kein Wunder, denn die 767 ist kompromisslos auf Wirtschaftlichkeit ausgelegt. Leistungsfähige, leise und gleichzeitig sparsame Triebwerke von Pratt & Whitney und General Electric machen die Boeing 767 zusammen mit aerodynamisch ausgefeilten Tragflächen zu einem sehr wirtschaftlichen Flugzeug. Daneben verspricht vor allem das hochmoderne Zwei-Piloten-Cockpit große Einsparungen für die Airlines.

Zunächst hatte Boeing auch einen Flugingenieur eingeplant, doch der Druck der Fluggesellschaften und der europäischen Konkurrenz – den neuen Airbus A.310 flogen ebenfalls nur zwei Piloten – veranlasste Boeing, ein Zwei-Personen-Cockpit zumindest als Option anzubieten. Allerdings setzte man sich hiermit dem Druck der mächtigen Pilotengewerkschaften aus, vor allem in den USA. Auch die amerikanische Luftfahrtbehörde FAA beteiligte sich an der Diskussion und machte Sicherheitsbedenken geltend. United und alle weiteren Kunden bestellten deshalb zunächst Maschinen mit konventionellem Cockpit, um diesem Problem aus dem Weg zu gehen und die reibungslose Einführung des Typs nicht zu gefährden. Boeings Ingenieure begegneten der

■ **Die Boeing 767 auf ihrem Erstflug am 26. September 1989. Normalerweise bleibt bei Erstflügen das Fahrwerk ausgefahren.**
Foto: Boeing

Situation, indem sie ein Cockpit mit der Option zum Umbau entwickelten.

Anfang 1981 wurde der Streit sogar zum Gegenstand einer öffentlichen Anhörung. Sieben Monate lang erstellten die Experten zahlreiche Gutachten und führten Analysen durch. Im Juli kam die vom Präsidenten der USA eingesetzte Untersuchungskommission schließlich zu dem Ergebnis, dass zwei Piloten das Flugzeug sicher fliegen können. Nun gab auch die Pilotengewerkschaft ihren Widerstand auf, nur einen Monat vor dem Roll-Out der ersten Boeing 767. Nur eine der zwölf Fluggesellschaften, die die Maschine bis dahin bestellt hatten, behielt zunächst das dreisitzige Cockpit bei – die australische Ansett. Die Gewerkschaften auf dem fünften Kontinent zeigten sich unbeugsamer als ihre amerikanischen Kollegen und bestanden darauf. Erst im Jahr 1998 ließ Ansett die fünf Flugzeuge auf den zweisitzigen Standard umbauen.

Am 26. September 1981 flog die erste B.767, noch mit drei Piloten. Auch die nächsten fünf Maschinen für die Flugerprobung besaßen drei Arbeitsplätze im Cockpit.

■ Schnell etablierte sich die 767 als Flugzeug für die Atlantikstrecken. Diese B.767-200 der Air Canada wartet in Frankfurt auf ihre Passagiere für den Rückflug in ihr Heimatland. *Foto: Lufthansa*

Maßstäbe für die Zukunft

Insgesamt 30 Maschinen, die zum Zeitpunkt der Entscheidung bereits in Everett in der Produktion waren, baute Boeing kosten- und zeitaufwändig um. Auch die Planung für die Zulassung des Typs musste man neu überdenken. Ein siebtes Flugzeug, das Erste mit dem neuen Cockpit, stieß zur Erprobungsflotte und wurde für die Zertifizierung der neuen Konfiguration eingesetzt. Dass es dabei keine Probleme gab, machte vor allem eine fast explosionsartige Entwicklung neuer, revolutionärer Fluginstrumente und Bordelektronik möglich.

In der Boeing 767 ersetzen zwei Bildschirme die zahlreichen analogen Anzeigen zum Status der Triebwerke, der Bordsysteme und des Treibstoffs. Die Piloten wählen, welche Daten sie gerade wünschen und bekommen so nur die wichtigen Werte übermittelt. Bei Fehlfunktionen erscheint eine Warn- oder Fehlermeldung. Die Piloten lassen sich dann selektiv den entsprechenden Bereich anzeigen, was die Arbeitsbelastung im Cockpit erheblich reduziert. Auch die Anzeigen der Flug- und Navigationsinstrumente sind auf zwei Bildschirmen gebündelt, wobei hier noch analoge Instrumente als Reserve dienen. Zusammen mit einem fortschrittlichen Autopiloten und einem Flugmanagementsystem, das den gesamten Flugablauf steuert, ist das digitale Cockpit nicht mehr mit seinen Vorgängern zu vergleichen. Hier setzte die 767 Maßstäbe für die Zukunft.

Am 30. Juli 1982 erhielt der Typ schließlich seine Musterzulassung von der FAA, und United Airlines übernahm das erste Flugzeug am

19. August desselben Jahres. Der erste Einsatz erfolgte am 8. September 1982 auf der Strecke von Chicago nach Denver.

Auf dem Weg zum Langstreckenflugzeug

Dem Basismodell B.767-200 folgten schon bald weiterentwickelte Versionen, in denen sich das Flugzeug schnell auf der ganzen Welt verbreitete. Auch im Langstreckendienst etablierten sich die Maschinen.

Dabei spielten die für das Basismuster eigentlich etwas überdimensionierten Tragflächen eine wichtige Rolle. Sie ermöglichten es nämlich, den Rumpf im Laufe der Entwicklung mehrmals zu strecken und das Fluggewicht erheblich zu erhöhen. Vor allem ließen sich auch größere Tanks einbauen, die das Flugzeug zu einem echten Langstreckenjet machten.

Als erste Variante folgte, angekündigt im Januar 1983, die Version -200ER (ER = Extended Range) mit einer Reichweite von bis zu 9200 km bei voller Nutzlast. Sie wurde zum ersten für Interkontinentalflüge über dem Wasser zugelassenen Zweistrahler.

Nach umfangreichen Tests und Zuverlässigkeitsnachweisen für Systeme und Triebwerke erteilte die amerikanische Luftfahrtbehörde FAA im Mai 1985 diese so genannte ETOPS-Zulassung. Das bedeutet, dass die Maschinen dieses Typs überall dort fliegen dürfen, wo der nächste Ausweichflugplatz nicht mehr als zwei Stunden Flugzeit entfernt liegt. Inzwischen hat die FAA das Limit für ETOPS sogar auf 180 beziehungsweise 207 Minuten verlängert.

Mittlerweile sind die meisten modernen zweistrahligen Jets entsprechend zugelassen. Damit wurden Langstrecken vor dem Hintergrund immer weiter fallender Flugtarife wieder rentabel. Boeings Ingenieure steigerten die Reichweite der 767ER mit den Jahren auf 12.500 km. Die Maschine erreicht damit Dimensionen, die bis dahin ausschließlich den relativ kerosindurstigen Drei- und Vierstrahlern vorbehalten waren. Erstkunde für diese Version war die israelische El Al, die ihre erste Maschine am 26. März 1984 erhielt und bereits am Tag darauf in Dienst stellte.

Noch wirtschaftlicher als das Basismuster ist die verlängerte B.767-300, die am 14. Januar 1986 aus der Montagehalle in Everett rollte. Den Rumpf hatten die Ingenieure um 6,40 m verlän-

■ Die australische Qantas setzte mit der Boeing 767 ihre Tradition einer reinen Boeing-Flotte fort. *Foto: H. Gerresheim*

■ **Dieser Frachter des Typs B.767-300PF trägt einen Sonderanstrich anlässlich der Olympischen Spiele 1996.** *Foto: T. Achenbach*

gert und das maximale Startgewicht auf über 156 Tonnen erhöht, was der Maschine die Mitnahme von bis zu 278 Passagieren ermöglicht. Erstkunde für dieses Modell war Japan Airlines.

Im März 1987 bestellte British Airways elf B.767-300 mit Optionen auf weitere 15 Exemplare, nachdem Boeing kurz zuvor auch das RB.211-Triebwerk von Rolls-Royce als Alternative anbot. Auch folgte schon bald eine ER-Version, die bei voller Auslastung bis zu 10.800 km zurücklegen kann. Das Startgewicht erhöhte sich bei diesem Modell um weitere 25 Tonnen. American Airlines orderte im März 1987 die ersten 15 Exemplare. Mit den Modellen der 300er-Reihe gelang der 767 der endgültige Durchbruch auf dem Markt.

Es dauerte nur wenige Jahre und die Boeing 767 war das Flugzeug, das mit Abstand die meisten Flüge auf den wichtigen Transatlantik-Strecken absolvierte. Der Zweistrahler aus Everett veränderte das Bild des Langstreckenverkehrs nachhaltig. Schnell verdrängte das Flugzeug die DC-10, TriStar und auch Boeing 747

von den weniger stark gebuchten Strecken, denn die 767 machte auch Non-Stop-Flüge von Europa zu nicht ganz so überlasteten Airports wirtschaftlich.

Erweiterungsfähig

Im reinen Frachtverkehr fliegt seit Oktober 1995 die 767F, und seit März 1998 stehen bei der japanischen Luftwaffe vier Maschinen einer AWACS-Version im Einsatz, die über eine riesige tellerförmige Antenne über dem hinteren Rumpf verfügen.

Als vorläufig letzte zivile Weiterentwicklung der 767-Reihe flog erstmals Mitte des Jahres 2000 die Serie -400ER. Sie ist nochmal 6,40 m länger als ihr Vorgängermodell und profitiert in vielen Bereichen von den technologischen Erfahrungen, die Boeing inzwischen mit der B.777 (siehe Kapitel 10) gemacht hat.

Mit einer maximalen Passagierkapazität von 375 stößt sie in Bereiche vor, die zuvor den dreistrahligen DC-10 und Lockheed TriStar vorbehalten waren. Der Treibstoffverbrauch der -400ER ist dabei gering: Für die Strecke von New York nach London benötigen ihre Triebwerke etwas mehr als 220 Liter pro Passagier. Die Reichweite bei maximaler Zuladung beträgt ca. 10.500 km. Das Cockpit ist hochmodern und in der Auslegung der Instrumente fast identisch mit dem der neuesten Generation der 737 und dem der Boeing 777. Trotzdem dürfen Piloten mit einer Zulassung für die älteren 767 diesen Typ ohne größere Umschulung fliegen.

Die Aerodynamik der 767-400ER optimierten die Ingenieure bei Boeing mittels stark nach hinten gepfeilter Verlängerungen der Tragflächen. Außerdem verlängerten die Konstrukteure das Fahrwerk etwas, um zu verhindern, dass das Heck der Maschine bei Start und Landung den Boden streift. Die Inneneinrichtung gestaltete man in Anlehnung an die B.777 ebenfalls vollkommen neu; sie vermittelt den Passagieren einen geräumigeren Eindruck.

Delta bestellte die ersten 21 Flugzeuge im März 1997, gefolgt von Continental Airlines, die im Oktober einen Vertrag über die Lieferung von 26 Exemplaren unterzeichnete. Nicht zuletzt diese Weiterentwicklung wird der Boeing 767, die seit dem ersten Exemplar weit über ihre ursprüngliche Auslegung hinausgewachsen ist, noch eine lange Zukunft in der Produktion und im Luftverkehr sichern. Bis Juli 2001 verkaufte Boeing 921 Flugzeuge des Typs.

Der erfolgreiche Zwillingsbruder – die Boeing 757

Ursprünglich konzipierten Boeings Konstrukteure die 757 als Ersatz für die inzwischen zu unwirtschaftliche 727. Am Beginn seiner Entwicklung war das neue Modell alles andere als mit seiner größeren Schwester 767 verwandt. Vielmehr baute das in seiner frühen Entwicklungsphase unter der Bezeichnung 7N7 geführte neue Flugzeug auf der Boeing 727 auf.

■ **Seit 1998 betreibt die japanische Luftwaffe vier Frühwarnflugzeuge vom Typ Boeing 767.** *Foto: Boeing*

■ **Bei der Boeing 767-400ER handelt es sich um die vorläufig letzte Weiterentwicklung der B.767. Im Rahmen einer Welt-Tournee machte diese Maschine auch in Frankfurt/Main Station.** *Foto: T. Achenbach*

Der Rumpf war nahezu identisch. Als Zweistrahler mit neuer Triebwerkstechnologie und erhöhter Sitzkapazität sollte die 757 um 29 Prozent effizienter sein als die B.727-200. Dabei wollte man auch die guten Starteigenschaften seines Vorgängers beibehalten. Die verschiedenen Studien unterschieden sich in ihrer Größe, und so stellte Boeing auf der Luftfahrtschau in Farnborough im Jahr 1976 noch verschiedene Modelle mit Passagierkapazitäten von 125 bis 180 Personen vor. Bei den kleineren Entwürfen hatte auch die Boeing 737 Pate gestanden.

In den Jahren 1976 und 1977 führten die Verantwortlichen von Boeing zahlreiche Gespräche mit den Fluggesellschaften. Bald kristallisierte sich heraus, dass die meisten potenziellen Käufer an einem größeren Flugzeug interessiert waren.

Als im Jahr 1978 British Airways und die amerikanische Eastern Airlines als erste Fluggesellschaften ernsthafte Kaufabsichten

äußerten, war die mittlerweile als Modell 757 bezeichnete Maschine nochmals leicht gewachsen. Bei einer Länge von 50 m und einer Spannweite von 40 m verfügte sie über maximal 195 Sitzplätze. Die Reichweite sollte 3700 bis 4600 km betragen. Der Rumpfquerschnitt war identisch mit dem der B.727, wobei die untere Rumpfhälfte etwas geräumiger ausgelegt war. Die Tragflächen waren weit weniger gepfeilt, um bessere Start- und Landeeigenschaften zu erreichen, und im Profil fast identisch mit denen der Boeing 767. Damit erreichte die B.757 ohne allzu komplexe, schwere und teure Auftriebshilfen die gleichen Start- und Landeeigenschaften wie die Boeing 727. Die niedrigere Geschwindigkeit sahen die Ingenieure bei den relativ kurzen Flugstrecken als unproblematisch an.

Als Triebwerke bevorzugten beide Erstkunden das schon bei der Lockheed TriStar bewährte RB.211 der Firma Rolls-Royce.

■ Boeing testete die 757 auch in besonders sonnigen Gefilden. Diese Maschine in den Farben des Erstkunden Eastern Airlines rollt auf der Edwards Air Force Base in Kalifornien zum Start. *Foto: Boeing*

Tatsächlich war dieses Triebwerk auch einer der Gründe, aus welchem British Airways dieses Flugzeug als Ersatz für ihre hoffnungslos veralteten Tridents bestellte. Die 757 wurde damit zum ersten amerikanischen Airliner, der mit einem Triebwerk aus dem Ausland seinen Jungfernflug unternahm. Als Alternative bietet Boeing seit 1980 auch das etwas schwächere, dafür aber leichtere PW2037 von Pratt & Whitney an.

Die 757 geht an den Start

Im März 1979 autorisierte die Firmenleitung offiziell Bau und Produktion der Boeing 757. Doch noch bevor man die Boeing 757 am 13. Januar 1982 zum ersten Mal der Öffentlichkeit vorstellte, hatte sich die Auslegung des Flugzeuges in zwei Punkten wesent-

161

lich geändert. Das ursprünglich vorgesehene T-Leitwerk ließen die Ingenieure im Sommer 1979 zugunsten einer konventionellen Ausführung fallen. Und was noch wichtiger war: Sie spendierten der 757 das hochmoderne und größere Cockpit der Boeing 767. Diese Entscheidung fiel im Herbst 1979, nachdem die Verkaufabteilung festgestellt hatte, dass sich die Konstruktion des neuen Flugzeuges eher an der 767 als an der Boeing 727 orientieren müsse, um dem Typ bessere Marktchancen zu garantieren. Auf diese Weise reduzierten sich die Entwicklungs- und Produktionskosten erheblich. Hinzu kam für die Kunden der wirtschaftliche Vorteil durch den eingesparten Flugingenieur und die Möglichkeit einer gemeinsamen Pilotenlizenz mit der 767, die tatsächlich im Juli 1983 von der FAA genehmigt wurde. Zu diesem Zweck musste die Ingenieure den Rumpfbug vollkommen neu konstruieren. Allerdings hatte das den Vorteil, dass der vordere Rumpf nun breiter war und die Kabine damit über mehr Raum verfügte.

Weitere wichtige Gemeinsamkeiten mit dem großen Bruder waren unter anderem die Klimaanlage, die hydraulischen und elektrischen Systeme, die Avionik sowie das Seitenleitwerk. Obwohl weder British Airways noch die vom ehemaligen Apollo-Astronauten Frank Borman geleitete Eastern Interesse an der Boeing 767 hatten, waren beide Erstkunden mit diesen Änderungen einverstanden.

Zunächst gingen nur wenige Bestellungen ein, und es gab bei Boeing nicht wenige besorgte Gesichter, bis endlich am 12. November 1980 die amerikanische Delta Airlines 60 Flugzeuge bestellte. Der Durchbruch auf dem wichtigen amerikanischen Markt war endlich gelungen. Die Erleichterung war groß, denn im Gegensatz zur B.767 trug Boeing bei der 757 das Risiko vollkommen allein – das Unternehmen hatte sich nicht um Partner für das Projekt bemüht.

Der Prototyp startete am 19. Februar 1982 zum ersten Mal von Renton. Es folgte ein Erprobungs- und Zulassungsprogramm, das insgesamt fünf Flugzeuge bestritten. Dabei trug die 757 auch die Hauptlast des Testprogramms für das neue Zwei-Piloten-Cockpit, da Boeing die 767 erst nachträglich auf diesen Standard umrüstete. Leistungswerte und Flugeigenschaften waren wie vorausberechnet, und es gab keine größeren Probleme. Noch während der Flugerprobung stellte man im selben Jahr eine Maschine für eine Verkaufstour nach Südostasien und später nach Europa ab, die auch die Luftfahrtschau in Farnborough besuchte. Am 17. Dezember 1982 erteilte die FAA schließlich die begehrte Musterzulassung, im Januar 1983 folgte die britischen CAA.

Eastern Airlines setzte die Boeing 757 ab dem 1. Januar 1983 ein, British Airways folgte am 9. Februar desselben Jahres mit der Strecke von London nach Belfast. Die beiden Fluggesellschaften

■ Diese B.757 der deutschen Charterlinie Condor wurde mit einer Sonderlackierung des bekannten Künstlers James Rizzi versehen.
Foto: Archiv Gerresheim

zeigten sich von Anfang an mit den Leistungen, der Zuverlässigkeit und der Wirtschaftlichkeit des neuen Musters sehr zufrieden. Vor allem die Piloten und das Management von British Airways zeigten sich geradezu enthusiastisch. Schnell stellte sich heraus, dass die 757 ein sehr wirtschaftliches Flugzeug war, sowohl auf den kurzen Inlandsstrecken als auch auf den längeren Routen, z.B. von London in das östliche Mittelmeer.

Die Piloten waren von den Flugleistungen und -eigenschaften begeistert. Vor allem von der Steigleistung der Maschine zeigten sie sich sehr beeindruckt. So äußerte ein britischer Pilot: *»Es ist, als würde man einen Jaguar E Sportwagen fahren, statt einen Kleinwagen vom Typ Morris Minor.«*

Einen weiteren Beweis für ihre Leistungsfähigkeit erbrachte die 757, als sie im Jahr 1991 zu Erprobungszwecken mit nur einem Triebwerk vom mehr als 3500 m hoch in einem Talkessel gelegenen Flughafen von Lhasa in Tibet startete. Auch die Umstellung auf das neue Cockpit stellte ein geringeres Problem dar als ursprünglich erwartet. Die überragende Zuverlässigkeit der 757 war von Anfang an ein Hauptmerkmal des Typs. Bereits nach insgesamt 6000 Flügen verbuchten die ersten vier Betreiber der 757 einen Einsatzbereitschaft von mehr als 98 Prozent – unglaublich für ein brandneues Flugzeug!

Natürlich blieben diese positiven Erfahrungen auch anderen Fluggesellschaften nicht verborgen, und langsam füllten sich die

■ Anlässlich ihres 25-jährigen Firmenjubiläums dekorierte American Trans Air diese Boeing 757-200. *Foto: T. Achenbach*

Auftragsbücher mit Bestellungen. Durch Erhöhung der Start-gewichte und weiterentwickelte Triebwerke verfügte die 757 schon bald über eine größere Reichweite und Kapazität, so dass die Maschine im Mai 1988 zum ersten Mal nach ETOPS-Regeln operieren und damit auch auf Transatlantik-Strecken eingesetzt werden konnte.

Der sparsame Charterflieger

Es liegt in der Natur der 757, dass von ihr nicht ganz so viele ver-schiedene Varianten angeboten werden, wie von der 767. Ende Dezember 1985 bestellte der Kurier- und Paketdienst *United Parcel Service* eine Frachtversion unter der Bezeichnung 757PF und erhielt mittlerweile 75 Flugzeuge. Fünf weitere Maschinen lie-ferte Boeing unter anderem an *Ethiopian Airlines*, *Zambia Airways* und *Icelandair* aus. Der UPS-Konkurrent DHL bestellte im Oktober 1999 insgesamt 44 Maschinen der Version 200F, die seit dem Jahr 2000 bei Boeing in Wichita hauptsächlich aus von British Airways zurückgekauften Maschinen entstehen. Es folgte eine Combi-Version, die am 18. Juli 1988 erstmals flog, aber bis heute nur ein-mal an *Royal Nepal Airlines* verkauft werden konnte.

Vor allem für Charterfluggesellschaften auf der ganzen Welt war die 757 von Anfang an attraktiv. Deshalb überrascht es nicht, dass Charter-Airlines aus Großbritannien zu den ersten Kunden für den Typ zählten. Auch einige deutsche Linien haben sich mittlerweile für die 757 entschieden. Neben der in Düsseldorf beheimateten LTU (12 Exemplare), setzt vor allem die Lufthansa-Tochter Condor auf die Wirtschaftlichkeit der 757. Ab September 1988 kaufte Condor 17 Maschinen und trat 1996 auch als Erstkunde für die Version 757-300 auf. Dieses vorläufig letzte Mitglied der Familie wurde um 7,10 m gestreckt und befördert maximal 289 Passa-giere. Damit ist sie pro Sitz nochmals um zehn Prozent günstiger zu betreiben als das Basismuster.

Mittlerweile gibt es 61 Bestellungen für diese Ausführung der 757, die sich von Anfang an durch eine noch höhere Zuverlässigkeit als das Basismuster auszeichnete. Condor verbuchte für das erste Jahr im Einsatz einen sagenhaften Wert von 99,64 Prozent!

Militärische Versionen der 757 gibt es nur wenige. Neben einer Maschine für die mexikanische Luftwaffe bestellte die Präsidentenstaffel der U.S. Air Force vier Maschinen unter der Bezeichnung C-32A.

Mittlerweile ist die 757 voll auf dem Markt etabliert. Das Standardmodell transportiert heute bis zu 228 Passagiere über Entfernungen von maximal 7400 km und wurde damit sogar zu ei-nem Ersatz für die Boeing 707. Im Kurzstreckenbetrieb werden auch Flüge von einer Länge von nur 105 km geflogen. Die Boeing 757 bewährt sich inzwischen weltweit als Linien-, Charter- und Frachtflugzeug und nimmt hinter der 737, die inzwischen die Rolle als B.727-Ersatz übernommen hat, den zweiten Verkaufsrang bei den Boeing-Jets ein. Bis zum Juli 2001 bestellten 64 Fluggesellschaften auf der ganzen Welt 1048 Flugzeuge dieses Typs. Seit ihrem Erstflug transportierten B.757-Maschinen nicht weniger als 1,3 Milliarden Passagiere und legten dabei eine Entfernung zurück, die 25.000 Mal der Strecke zum Mond und zurück entspricht.

■ **Die erste und bis heute einzige Boeing 757 Combi startet in Renton zu ihrem Erstflug. Der Steigwinkel lässt die Kraftreserven erahnen, über die die 757 verfügt.** *Foto: Boeing*

■ Der Paketdienst UPS stellte seit 1987 eine Flotte von mittlerweile 75 B.757-200PF Stückgutfrachtern in Dienst. *Foto: Boeing*

Logistische Meisterleistung

Viel steht auf den vorangegangenen Seiten über Verkäufe, Konzepte und Testflüge. Aber was steckt eigentlich dahinter, wenn es heißt: *»Die Maschine wurde im September 2001 an die XY-Airlines ausgeliefert«?*

Nachdem die Verkaufsabteilung von Boeing in manchmal zähen Verhandlungen die Bedingungen für Lieferung und Finanzierung eines neuen Flugzeuges mit dem betreffenden Kunden ausgehandelt hat, beginnt ein Prozess, der beim Hersteller von allen Beteiligten jedes Mal eine logistische und organisatorische Meisterleistung verlangt. Millionen Einzelteile von Hunderten von Zulieferfirmen auf der ganzen Welt müssen zum richtigen Zeitpunkt am richtigen Ort sein, das heißt im Fall der Boeing 767 in Everett und bei ihrem kleineren Bruder 757 in Renton.

Noch vor der Unterzeichnung eines Kaufvertrages, etwa 30 bis 36 Monate vor der Auslieferung, bestellt Boeing die ersten Bauteile der Grundversion. Die Komponenten für die kundenspezifische Ausführung eines Flugzeuges folgen kurz nach Vertragsabschluss,

■ Deutsche Fluggesellschaften traten nicht selten als Erstkunden für Boeing-Flugzeuge auf. Mit einer Bestellung über zunächst zwölf Maschinen brachte Condor im Jahr 1996 die gestreckte B.757-300 auf den Weg. *Foto: H. Gerresheim*

also etwa elf bis achtzehn Monate vor der Übergabe. Die Montage beginnt nach einem detailliert ausgearbeiteten Bauplan.

In der ersten Bauphase entstehen aus zahllosen Kleinteilen die größeren Teile des Puzzles, die später in der Endmontage zum Flugzeug zusammengefügt werden. Vor allem die Zulieferer arbeiten mit Hochdruck, um präzise gestellte Zeit- und Qualitätsvorgaben zu erfüllen und damit teure Konventionalstrafen zu vermeiden. Boeing selbst stellt die Teile her, die am schwierigsten zu fertigen oder für den termingerechten Ablauf der Montage am wichtigsten sind. Jede Woche werden dort bis zu 350.000 Teile ausgeliefert.

Etwa einen Monat vor der Fertigstellung einer 757 oder 767 werden die Teile per Bahn oder auf dem Wasserweg zur Endmontage angeliefert. Während die Arbeiter auf einer Seite der gewaltigen Montagehallen die Tragflächen montieren, nimmt auf der anderen Seite der Rumpf Gestalt an. Mit der Zeit werden die Teile immer größer und riesige, unter der Decke aufgehängte Kräne bringen die Komponenten an ihren Platz. Der ganze Vorgang gleicht beinahe einem überdimensionalen Modellbausatz. Hier zeigt sich, ob alle Beteiligten präzise gearbeitet haben, denn alles muss mit äußerst geringen Toleranzen nahtlos zusammenpassen.

Sind Rumpf, Flügel und Leitwerke zusammengesetzt, beginnt die Montage von Fahrwerk, Landeklappen, Inneneinrichtung und Cockpit. Immer wieder werden bei jedem Bauabschnitt die neu installierten Systeme getestet und Qualitätskontrollen durchgeführt. Fehler sind teuer und beeinträchtigen den guten Ruf der Boeing-Produkte. Als Letztes werden, bevor das fast fertige Flugzeug erstmals aus der Halle rollt, die Triebwerke installiert – nach dem Fahrwerk die teuersten Einzelkomponenten eines Flugzeuges.

Als Nächstes schleppt man die Maschine in den Lackierungshangar, wo sie ihr endgültiges äußeres Erscheinungsbild erhält. Spezielle Filter halten diesen Raum fast staubfrei und klinisch sauber. Bevor die Lackierer eine Grundierungsfarbe auftragen, müssen sie zunächst die während der Montage aufgetragene Korrosionsschutzfarbe entfernen. Vor dem eigentlichen Anstrich werden Schablonen aufgebracht, damit die farbliche Gestaltung nach den genauen Spezifikationen des Kunden erfolgt. Hierbei werden für eine Boeing 757 im Durchschnitt 450 l, für eine 767 bis zu 1800 l Farbe aufgesprüht.

■ **Im Werk in Everett warten vormontierte Komponenten von Boeing 767 auf die Endmontage.** *Foto: Boeing*

Wenn die Farbe getrocknet ist, folgen am nächsten Tag alle nötigen Aufkleber. Dann entfernt man die Maskierung. Zum Schluss werden noch Wartungshinweise und das Kennzeichen aufgeklebt. Im Schnitt dauert es vier Tage, bis ein Flugzeug im Anstrich einer Fluggesellschaft erstrahlt.

Nun werden noch letzte Komponenten installiert, Triebwerke und Systeme getestet und die Tanks zum ersten Mal gefüllt. Treibstoff- und Hydraulikleitungen prüfen Techniker auf Undichtigkeiten. Am Tag vor dem Erstflug wird alles aus Sicherheitsgründen nochmals kontrolliert und das Flugzeug über Nacht startklar gemacht.

Vor der Übergabe an den Kunden sind noch zahlreiche Test- und Abnahmeflüge nötig, teils durchgeführt von Boeing-Piloten, teils von Besatzungen der zukünftigen Betreiber. Diese Flüge dienen hauptsächlich dazu, letzte Feineinstellungen vorzunehmen und eventuelle Qualitätsmängel festzustellen und zu beheben. Manche Airlines, so auch die Deutsche Lufthansa, unterhalten eigene Teams, die am Boden und in der Luft umfangreiche Qualitätskontrollen durchführen.

Wenn diese Tests erfolgreich abgeschlossen sind und das Flugzeug nochmals gewogen ist, erfolgt endlich die Übergabe. Vertreter des Kunden und des Herstellers sitzen in einem Konferenzraum zusammen und die nötigen finanziellen Transaktionen werden fast zeitgleich mit der Übernahme telefonisch autorisiert. Zeit ist Geld, denn bei den enormen Summen, die beim Kauf eines Flugzeuges den Besitzer wechseln, kommen in erstaunlich kurzer Zeit ebenso erstaunlich hohe Zinssummen zusammen.

Meist noch am selben Tag fliegt eine Crew des neuen Besitzers das Flugzeug zu seiner neuen Heimatbasis. Passagiere sind hierbei normalerweise nicht an Bord, aber seit 1992 werden solche Auslieferungsflüge nicht selten dazu genutzt, in den Laderäumen kostenlos Hilfsgüter zu transportieren. So beförderte zum Beispiel eine Boeing 767-300, die Ende November 1994 an die *TACA International Airlines* aus El Salvador ausgeliefert wurde, rund 16 Tonnen Medikamente für Hilfsbedürftige in ihr neues Heimatland. So erhält eine rein geschäftliche Transaktion manchmal einen humanitären Wert. Was für einen besseren Start kann man sich für ein Flugzeug wünschen, das in Zukunft meist eine friedliche und potenziell völkerverbindende Funktion als Verkehrsmittel zwischen Ländern und Kontinenten erfüllen wird?

■ **Der Augenblick der Wahrheit: Die Teile dieser Boeing 747 müssen auf den Tausendstelmillimeter zusammenpassen.**
Foto: Boeing

■ Eine Boeing 767-400 nimmt in
der Endmontagehalle in Everett
ihre endgültige Gestalt an.
Foto: Boeing

■ Drei B.747-400 haben die letzte
Stufe der Montage erreicht. Hier
werden unter anderem Triebwerke,
Elektronik und Inneneinrichtung
eingebaut. *Foto: Boeing*

■ Ein großer Moment: Eine bis auf die Triebwerke fertig montierte Boeing 777 verlässt die riesige Fertigungshalle.

Foto: Boeing

■ Erst ganz zum Schluss erhält
das Flugzeug seine Identität:
Der Prototyp der B.767-400 im
Lackierungshangar.
Foto: Boeing

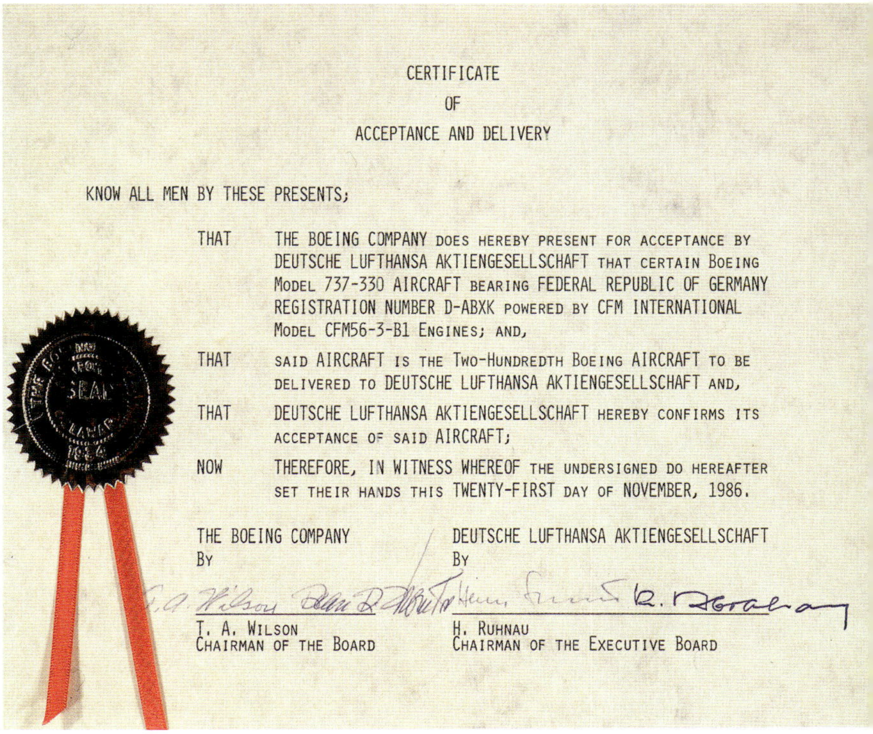

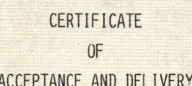

CERTIFICATE
OF
ACCEPTANCE AND DELIVERY

KNOW ALL MEN BY THESE PRESENTS;

THAT   THE BOEING COMPANY DOES HEREBY PRESENT FOR ACCEPTANCE BY
DEUTSCHE LUFTHANSA AKTIENGESELLSCHAFT THAT CERTAIN BOEING
MODEL 737-330 AIRCRAFT BEARING FEDERAL REPUBLIC OF GERMANY
REGISTRATION NUMBER D-ABXK POWERED BY CFM INTERNATIONAL
MODEL CFM56-3-B1 ENGINES; AND,

THAT   SAID AIRCRAFT IS THE TWO-HUNDREDTH BOEING AIRCRAFT TO BE
DELIVERED TO DEUTSCHE LUFTHANSA AKTIENGESELLSCHAFT AND,

THAT   DEUTSCHE LUFTHANSA AKTIENGESELLSCHAFT HEREBY CONFIRMS ITS
ACCEPTANCE OF SAID AIRCRAFT;

NOW   THEREFORE, IN WITNESS WHEREOF THE UNDERSIGNED DO HEREAFTER
SET THEIR HANDS THIS TWENTY-FIRST DAY OF NOVEMBER, 1986.

THE BOEING COMPANY   DEUTSCHE LUFTHANSA AKTIENGESELLSCHAFT
BY   BY

T. A. WILSON   H. RUHNAU
CHAIRMAN OF THE BOARD   CHAIRMAN OF THE EXECUTIVE BOARD

■ Die Übergabeurkunde ist der Schlusspunkt
des einjährigen Entstehungsprozesses. Hier im
Bild das Zertifikat für eine Boeing 737-330 der
Deutschen Lufthansa aus dem Jahr 1986.
Foto: Lufthansa

177

10. Mit der »Triple Seven« ins 21. Jahrhundert

Vielfältige Aktivitäten

Boeings Manager sind sich heute darüber im Klaren, dass sie die Aktivitäten des Konzerns möglichst weit streuen müssen, um vom auf und ab der Märkte unabhängig zu bleiben. Ein wichtiges Standbein Boeings ist mittlerweile die Computertechnologie. Auch der Militärbereich mit seinen staatlich finanzierten und subventionierten Projekten gilt als äußerst lukrativ und von den Kapriolen der Aktienmärkte weitgehend unabhängig. Außerdem kann man viele der technischen Erfahrungen aus diesem Bereich in der Zivilluftfahrt anwenden.

Das neuartige Schwenkrotorflugzeug V-22 Osprey hat dann auch eher einen militärischen Hintergrund. In Zusammenarbeit mit *Bell Helicopters* arbeitet Boeing seit Mai 1986 an diesem Konzept, das die Vorteile eines Hubschraubers mit der Geschwindigkeit eines konventionellen Flugzeuges verbindet. Ihren Erstflug absolvierte die Maschine am 9. März 1989.

Da innerhalb kurzer Zeit zwei der sechs Prototypen abstürzten, unterbrach man das Testprogramm für längere Zeit. Erst seit Juni 1993 fliegt wieder eine Maschine, nachdem ein Expertenteam die Ursachen der Unfälle geklärt hatte. Fest bestellt wurden bisher nur

■ **Frisch lackiert rollt die erste Boeing 777 für die Lauda Air aus dem Hangar. Die österreichische Airline setzt ihre B.777 auf Langstrecken nach Asien und Australien ein.** *Foto: Boeing*

Foto: Bell Helicopters

■ Links: Erstmals wird im Mai 1988 der Prototyp der revolutionären Bell/Boeing V-22 Osprey der Öffentlichkeit präsentiert.
Foto: Bell Helicopters

■ Rechte Seite: Wenn sich die V-22 als erfolgreich erweist, ist auch eine zivile Version für Zubringerdienste oder als Geschäftsreiseflugzeug möglich.
Foto: Bell Helicopters

zehn Vorserienmodelle und 28 weitere Exemplare, die weitgehend der Produktionsversion entsprechen. Letztere setzt man hauptsächlich für die Einsatzerprobung ein.

Insgesamt haben die Streitkräfte ihr Interesse an 458 Exemplaren bekundet, die in verschiedenen Versionen an die Luftwaffe, die Marine und das Marine Corps ausgeliefert werden sollen. Kommt es tatsächlich zu einem größeren Auftrag und damit zur Serienproduktion, möchte man später auch eine Zivilversion für maximal 44 Passagiere anbieten.

Nach einer kurzen Erholung machte sich in den späten 80er-Jahren unter den Fluggesellschaften wieder einmal Krisenstimmung breit. Erneut verabschiedeten sich klangvolle Namen von den Luftstraßen der Welt. Hunderte von Flugzeugen parkten in den Wüstengebieten der USA, weil sie dort immer noch weniger Unkosten verursachten als im täglichen Einsatz mit halb leerer Passagierkabine.

Vor diesem Hintergrund war es sicher eine mutige Entscheidung, ein ambitioniertes Programm zum Bau eines neuen Langstreckenjets zu starten. Ganz neu war diese Projekt allerdings nicht, denn bereits 1979 hatte man an einer vergrößerten, dreistrahligen Weiterentwicklung der 767 unter der Bezeichnung B.777 gearbeitet. Doch zunächst verschwand dieses Projekt wieder von der Bildfläche. Im Jahr 1988 brachte man eine zweistrahlige Variante unter der Bezeichnung 767-X ins Gespräch, und Boeing wandte sich an acht für verschiedene Marktsegmente repräsentative, potenzielle Kunden auf der ganzen Welt, um mit ihnen Bedürfnisse und Möglichkeiten zu diskutieren.

Großes Interesse

Die betreffenden Fluggesellschaften zeigten großes Interesse an einem zweistrahligen Großraumjet, denn die Boeing 747 war auf vielen Langstrecken nicht mehr rentabel, für die die 767 immer noch zu klein war. Die dreistrahligen DC-10 und TriStar kamen ebenfalls in die Jahre und mussten mittelfristig ersetzt werden. Koordiniert von United Airlines arbeiteten American und Delta Airlines aus den USA, British Airways als europäischer Vertreter sowie Qantas, Cathay Pacific, Japan Airlines und All Nippon

Airways für den aufstrebenden pazifischen Raum bei der Definition des Flugzeuges eng mit Boeing zusammen.

Das Resultat ihrer Überlegungen war ein zweistrahliges Flugzeug mit einer Kapazität von maximal 350 Passagieren und einem Startgewicht von 217 Tonnen. Der Rumpfquerschnitt war größer als bei der 767, allerdings basierte das Cockpit auf dem des Ausgangsmusters. Die Tragfläche war vollkommen neu und ermöglichte eine Reichweite von bis zu 10.700 Kilometern und eine Reisegeschwindigkeit von Mach 0,84 in 10.500 Metern Höhe. Als Triebwerke sah man neu entwickelte Aggregate von Pratt & Whitney (PW4000), General Electric (GE90) und Rolls-Royce (Trent) vor.

Bis zum April 1990 hatte sich Entwürfe für das neue Flugzeug so weit von der Boeing 767 entfernt, dass man die Bezeichnung des neuen Flugzeuges in B.777 änderte. Im Laufe der Entwicklung wuchs die Maschine, so dass das maximale Startgewicht schließlich 263 Tonnen betrug. Die neue »Triple Seven« wurde damit zum größten zweistrahligen Airliner der Welt.

Nachdem United am 15. Oktober 1990 als erste Airline 34 Exemplare mit weiteren 34 Optionen bestellt hatte, gab die Geschäftsleitung von Boeing zwei Wochen später offiziell grünes Licht für das Programm. Anfang 1991 beschäftigte eine eigens für den neuen Typ gegründete Abteilung bereits 4000 Mitarbeiter, und die Planungen für Erweiterungsbauten in Everett liefen an.

Um die Produktions- und Entwicklungskosten zu senken, verstärkte Boeing die Zusammenarbeit mit den Zulieferern und das Teamwork innerhalb der eigenen Firma. Nicht von ungefähr stellte der Flugzeughersteller das gesamte Projekt unter das Motto »Working Together« – »Gemeinsam arbeiten« – und platzierte den Slogan gut sichtbar auf dem Rumpf des ersten Prototyps und in den Fabrikationsstätten.

Wichtig für diesen Prozess war auch der umfangreiche Einsatz von moderner Computertechnologie bei der Entwicklung. Das Flugzeug entstand ausschließlich auf dem Bildschirm, die Reißbretter der Ingenieure hatten endgültig ausgedient. Nicht weniger als 1700 Computer schalteten die Spezialisten in einem Netzwerk im Raum Seattle zusammen. Dieses Netz war wiederum mit anderen Netzen in Philadelphia, Wichita und in Japan verbunden. Die dreidimensionalen Einzelentwürfe konnten auf dem Bildschirm zusammengesetzt und so die Montage des gesamten Flugzeuges simuliert werden. Das machte den kostspielige Bau einer 1:1 Attrappe überflüssig.

Neue Wege beschritt Boeing auch bei der Inneneinrichtung. Dabei legte man viel Wert darauf, den Passagieren ein Gefühl von Weiträumigkeit zu vermitteln.

Der Hightech-Flieger

Das Cockpit, ursprünglich an der 767 orientiert, trug der rasanten Weiterentwicklung der Elektronik und Avionik Rechnung und wurde vollkommen neu entworfen. Sechs Flüssigkristall-Bildschirme ersetzen einen Großteil der analogen Instrumente; das Layout basiert auf dem der Boeing 747-400. Diese Instrumentierung ist nicht nur übersichtlicher, sie ist auch erheblich leichter und verbraucht weniger Energie. Außerdem konnte man bei der 777 auf die Kühlsysteme verzichten, die bei Bildschirmen älterer Bauart noch notwendig waren.

Die Steuerung der »Triple Seven« ist nach dem System »fly by wire« – »fliegen per Stromkabel« – ausgelegt, das heißt, dass die Steuerimpulse nicht wie bisher über Stahldrähte, sondern nur noch elektrisch an die Hydraulik der Ruder übertragen werden. Spätestens mit der Boeing 777 werden die Männer und Frauen im Cockpit beinahe von Piloten, die ein Flugzeug fliegen, zu System-Administratoren, die nur noch die Funktionen der Maschine überwachen. Gerade in diesen Bereichen floss auch viele der neuen Erfahrung zurück in die Weiterentwicklung älterer Modelle, wie die B.737 der neuen Generation oder die B.767-400.

Auch die Entwicklung der drei Triebwerkstypen machte gute Fortschritte. Die neuen Aggregate waren die stärksten, die jemals entwickelt wurden, und deshalb riesig: Der Umfang eines Triebwerkes ist etwa so groß wie der des Rumpfes einer Boeing 737. Man benötigte russische Antonov 124 oder Boeing 747 Frachter, um sie nach Everett zu transportieren. Zur Flugerprobung der Motoren benötigte man ebenfalls eine Boeing 747. Der bereits abgestellte Prototyp der B.747 wurde eigens zu diesem Zweck vom Museum of Flight ausgeliehen und für einige Monate reaktiviert.

Als Boeing die neue B.777 am 9. April 1994 in Anwesenheit von 100.000 geladenen Gästen – darunter erstmals in der Firmengeschichte auch 50.000 Mitarbeiter – zum ersten Mal der Öffentlichkeit vorstellte, war die neue Maschine mit Abstand das modernste Flugzeug, das bis dahin die Werkhallen in Everett verlassen hatte. Mit der »Triple Seven« reagierte außerdem auf die Konkurrenz der ebenfalls hochmodernen Airbusse A.330 und A.340. Boeing schien Erfolg damit zu haben, denn zum Zeitpunkt des Roll-Out lagen bereits 147 Bestellungen von 16 Kunden vor. Hinzu kamen noch 108 Kaufoptionen.

Mit dem Erstflug am 12. Juni begann ein umfangreiches Testprogramm, das die 777 zum meist erprobten Airliner der Luftfahrtgeschichte machte. Neun Flugzeuge nahmen daran Teil

■ Der Prototyp der 777 und eine Maschine des Erstkunden United Airlines stehen auf dem Vorfeld in Everett bereit. *Foto: Boeing*

und sammelten insgesamt auf mehr als 4900 Flügen 6700 Flugstunden an. Der enorme Umfang des Testprogramms erklärt sich unter anderem durch Boeings Wunsch, für diesen Typ die Zulassung mit drei verschiedenen Triebwerken zu erhalten. Außerdem hatte Boeing den Kunden versprochen, die 777 voll einsatzbereit auszuliefern, das bedeutete auch, mit vollständiger ETOPS-Zulassung für Langstreckenflüge über den Ozeanen. Das hatte es bis dahin noch bei keinem anderen Verkehrsflugzeug gegeben.

Um die Zuverlässigkeit der 777 nachzuweisen, unternahm man mit jeder der drei Triebwerksvarianten 90 Flüge unter normalen Einsatzbedingungen. Zum Testprogramm gehörten auch jeweils acht Ausweichlandungen nach ETOPS-Regeln, also drei Stunden Flug mit nur einem Triebwerk.

Konkurrenz für den Jumbo Jet

Am 19. April 1995 endete schließlich das Testprogramm mit der Zulassung der ersten, mit Pratt & Whitney angetriebenen Variante durch die FAA und die europäische JAA. Die ETOPS-Zulassung folgte am 30. Mai desselben Jahres. Damit ist die Boeing 777 das erste Verkehrsflugzeug, dass diesen Status noch vor der Aufnahme des Liniendienstes erhielt.

Die ersten Exemplare des neuen Hightech-Fliegers lieferte Boeing im Sommer 1995 an United Airlines aus. Die ersten Flugzeuge mit GE90-Antrieb erhielten ihre Zulassung im November 1995 und wurden im gleichen Monat von British Airways übernommen. Probleme mit den Triebwerken verzögerten allerdings die ETOPS-Zulassung bis zum Oktober 1996. Thai Airways erhielt im März 1996 das erste Flugzeug mit Rolls-Royce-Antrieb.

Schnell folgten dem Basismodell weitere Varianten. Im Oktober 1996 flog als Erste die B.777-200IGW mit einem erhöhten Startgewicht und entsprechend größerer Reichweite. Als weiteres Langstreckenmodell lieferte Boeing die Serie 200ER mit nochmals vergrößerter Reichweite aus. Beim Auslieferungsflug von Seattle nach Kuala Lumpur stellte eine Maschine dieses Typs im Jahr 1997 mit 20.044 km einen neuen, beeindruckenden Langstrecken-Weltrekord auf. Im Liniendienst werden diese Flugzeuge zum Beispiel auf Routen wie New York – Hongkong oder Paris – Taipeh eingesetzt.

■ **Das hochmoderne Cockpit der Boeing 777 setzte einen neuen Standard bei den Verkehrsflugzeugen.** *Foto: Boeing*

Mit der Version B.777-300 dringt dieser Flugzeugtyp inzwischen, was die Größe angeht, in Jumbo-Regionen vor. In dem um zehn Meter verlängerten Rumpf finden – in Charter-Bestuhlung – bis zu 550 Passagiere Platz. Auf dem Pariser Aerosalon im Jahr 1995 bestellten vier Fluggesellschaften aus dem asiatischen Raum den neuen Typ: *All Nippon Airways*, *Cathay Pacific*, *Korean Airlines* und *Thai Airways* sorgten dafür, dass erstmals ein neuer Boeing-Airliner ausschließlich auf der Basis ausländischer Bestellungen auf den Weg gebracht wurde. Erste Auslieferungen dieses längsten bis dahin gebauten Verkehrsflugzeuges der Welt erfolgten im Frühjahr 1998. Auch hier wurde schon kurze Zeit später eine ER-Version mit einer größeren Reichweite von 13.400 Kilometern angeboten.

Bisher konnten fast 600 Boeing 777 verkauft werden. Aber die »Triple Seven« verfügt offensichtlich über ein so großes Entwicklungspotenzial, dass man gespannt darauf sein darf, mit welchen Versionen und Weiterentwicklungen Boeing in Zukunft auf die Marktbedürfnisse reagiert. Der mutige Schritt zum Bau eines neuen Flugzeuges in wirtschaftlich schwierigen Zeiten hat sich für die Flugzeugbauer aus Seattle wieder einmal ausgezahlt.

Ende 1996 machte Boeing weltweit Schlagzeilen, als der Konzern aus Seattle den angeschlagenen Konkurrenten McDonnell-Douglas übernahm. Diese Nachricht war eine Sensation, verschwand damit doch eines der traditionsreichsten Unternehmen vom Markt für Verkehrsflugzeuge, das ebenso wie Boeing in diesem Bereich Geschichte schrieb und für viele Jahrzehnte der wichtigste Rivale der Flugzeugbauer aus Seattle war. Eine verfehlte Modellpolitik und die europäische Konkurrenz hatten McDonnell-Douglas in finanzielle Schwierigkeiten gebracht und schließlich zu diesem Schritt gezwungen.

Neben der Tatsache, dass damit ein wichtiger Konkurrent verschwand, waren für Boeing vor allem die zahlreichen lukrativen Militäraufträge und -projekte attraktiv, an denen McDonnell-Douglas beteiligt war. Inzwischen tragen einige der wichtigsten Militärflugzeuge der USA das Boeing-Logo. Zu den McDonnell-Douglas-Flugzeugen zählen unter anderem die F-18 Hornet/Super Hornet, AV-8B Harrier und T-45 Goshawk. Weiterhin ist Boeing am F-22 Raptor Luftüberlegenheitsjäger und einer Ausschreibung für einen Jagdbomber beteiligt, der einmal in großer Zahl bei der Luftwaffe, der Marine und dem Marine Corps der USA im Einsatz stehen soll.

Auch die britische Royal Air Force und Royal Navy sollen Exemplare des »JSF« erhalten, der fähig ist, auf sehr kurzen Strecken zu starten und vertikal zu landen. Boeing ist ebenfalls Teil

■ **Cathay Pacific aus Hongkong setzt ihre Boeing 777 auf einem weltweiten Streckennetz ein.** *Foto: Cathay Pacific*

■ Diese B.777-200 der Continental Airlines flog im Jahr 2000 in einer Sonderbemalung anlässlich des Jahrtausendwechsels.

Foto: T. Achenbach

des B-2 Stealth-Bomber-Programms und fertigt Komponenten für dieses Flugzeug. In der Produktion steht auch das vierstrahlige Transportflugzeug C-17 Globemaster, von dem 120 Exemplare an die U.S. Air Force und weitere vier Maschinen an die britische Luftwaffe ausgeliefert werden.

Im zivilen Bereich zeigte Boeing naturgemäß wenig Interesse an der Fortführung der Programme des ehemaligen Rivalen. Die zweistrahligen MD-80/90 nahm man zum Bedauern zahlreicher Airlines schon im April 1998 aus dem Programm und lieferte den letzten dreistrahligen Großraumjet – eine Frachtmaschine vom Typ MD-11 – am 23. Februar 2001 an die Deutsche Lufthansa Cargo aus.

Lediglich das Projekt MD-95 – ein zweistrahliger 100-Sitzer – führte Boeing fort, dessen Entwicklungsarbeiten im Oktober 1995 begonnen hatten. In Seattle sah man in dem zweistrahligen Jet mit T-Leitwerk und am Heck angebrachten Triebwerken ein großes Potenzial im Markt der Regionalflugzeuge und taufte das neue Flugzeug kurzerhand Boeing 717.

Im Grunde handelt es sich bei diesem Projekt um eine weiterentwickelte DC-9-30 mit hochmodernem Cockpit sowie leisen und sparsamen Triebwerken des Typs BR715 von BMW Rolls-Royce. Diese Aggregate entstehen in Dahlewitz bei Berlin. Nicht weniger als vierzig Prozent der Komponenten einer 717 werden in Europa gefertigt.

Auch die Inneneinrichtung überarbeitete man komplett. Hierbei stand vor allem ein verbessertes Raumangebot für Handgepäck im Vordergrund. Schon während der Flugerprobung, die mit dem Erstflug am 2. September 1998 begann, zeigte sich die enorme Wirtschaftlichkeit des Musters. Die gemessenen Verbrauchswerte lagen um bis zu zehn Prozent unter den Berechnungen. Außerdem konnten die Start- und Landegewichte des Flugzeuges im Laufe der Entwicklung um zwei Tonnen gesenkt werden, was für die Betreiber niedrigere Landegebühren bedeutet. Dies ist sehr wichtig für ein Flugzeug, das hauptsächlich auf kurzen Strecken mit einer hohen Flugfrequenz operiert. Trotzdem verlief der Verkauf der in den ehemaligen Douglas-Werken in Long Beach bei Los

■ Im Jahr 1998 stellte Boeing die verlängerte B.777-300 in Farnborough der europäischen Öffentlichkeit vor. Die Maschine der Thai Airways war das erste Exemplar dieses Typs mit Rolls-Royce-Triebwerken. *Foto: H. Gerresheim*

Angeles hergestellten B.717 bis heute eher schleppend, denn die Konkurrenz ist gerade auf diesem Markt sehr groß. Bis Juli 2001 konnten gerade einmal 136 Maschinen an acht Airlines verkauft werden. Es bleibt abzuwarten, ob sich dieser Boeing-Airliner so gut durchsetzen kann, wie viele seiner Vorläufer in der Geschichte des Unternehmens.

Ein neuer Markt

Zur Jahrtausendwende ist Boeing keinesfalls allein am Himmel, und die europäische Airbus Industries sagte den amerikanischen Flugzeugbauern im Jahr 2000 erneut dem Kampf an. Der riesige, doppelstöckige Airbus A.380 mit Raum für bis zu 650 Passagiere soll die Boeing 747 als bisher größtes und dominierendes Flugzeug auf den Langstrecken nach 30 Jahren ablösen. Viele Fachleute erwarteten eine Antwort von Boeing in Form einer nochmals weiterentwickelten und gestreckten B.747.

Doch im Frühjahr 2001 überraschte Boeing die Fachwelt mit der Ankündigung eines revolutionären Verkehrsflugzeuges für hohe Geschwindigkeiten und einer großen Reichweite. Mit einer Reisegeschwindigkeit von Mach 0,95 bis 0,98 und einer maximalen Flugdistanz von 11.000 bis 18.500 km soll das neue Modell alles in den Schatten stellen, was bisher in diesem Bereich angeboten wurde. Die Reiseflughöhe soll 13.000 Meter und mehr betragen, die Passagierkapazität zwischen 100 und 300 Fluggästen liegen. Dabei soll der zweistrahlige Jet mit dem Arbeitsnamen »Sonic Cruiser« auch noch umweltfreundlich und wirtschaftlich sein – was diese Maschine definitiv von der Concorde unterscheiden würde. Das Management von Boeing teilt nicht die Ansicht ihres europäi-

■ Der Luftüberlegenheitsjäger F-22 »Raptor« ist eines der zahlreichen Militärprogramme, an denen Boeing seit den 90er-Jahren beteiligt ist. *Foto: Boeing*

■ Die C-17 besitzt sehr effektive Tragflächen mit Winglets und verfügt über erstaunliche Kurzstart- und -landeeigenschaften.
Foto: H. Gerresheim

schen Konkurrenten, dass der Markt nach größeren Flugzeugen verlangt. Vielmehr sehen die Amerikaner die Zukunft in mehr und schnelleren Direktflügen zwischen zahlreicheren Destinationen.

Die neue Maschine würde gegenüber den bisher im Einsatz befindlichen Flugzeugen die Reisezeit um eine Stunde pro 4800 km Flugstrecke verkürzen. Zwar handelt es sich bei diesem futuristisch anmutenden Jet noch um eine Studie, aber Boeing scheint

entschlossen, eine solche Maschine zu bauen und bei den Fluggesellschaften der Welt zu etablieren. Nicht wenige große Airlines haben bereits ein, wenn auch zunächst vorsichtiges Interesse angemeldet.

Es ist schwer abzuschätzen, welche Philosophie sich letztendlich im Wettbewerb durchsetzen wird. Aber es ist interessant zu sehen, dass Boeing wieder zu dem alten Weg zurückgefunden hat, nicht nur auf den Markt zu reagieren, sondern auch mutig zu versuchen, neue Märkte zu schaffen und damit das Gesicht der Verkehrsluftfahrt zu verändern.

Wenn ein Gigant wie Boeing all seine über die Jahrzehnte gesammelte Erfahrung in die Waagschale wirft, scheint es wahrscheinlich, dass dieses Projekt gelingt.

■ **Mit der X-32 nimmt Boeing an der Ausschreibung eines Kampfflugzeuges für Luftwaffe, Marine und Marine Corps der USA teil. Wie dieses Foto zeigt, ist das Flugzeug in der Lage, senkrecht zu landen.** *Foto: Boeing*

■ Die vielseitige C-17 »Globemaster« ist eines der Militärprogramme, die Boeing seit dem Kauf von McDonnell-Douglas im Jahr 1996 sein Eigen nennt. *Foto: Boeing*

■ Lufthansa Cargo war der letzte Kunde für die Frachtversion der MD-11, die noch von McDonnell-Douglas entwickelt wurde.

Foto: Lufthansa

■ Die amerikanische Inlandslinie Air Tran ist der bisher größte Abnehmer für die kleine Boeing 717, die von der DC-9-30 abgeleitet worden ist. *Foto: Air Tran*

■ Olympic Aviation setzt die Boeing 717 als erste europäische Fluggesellschaft ein. *Foto: Boeing*

■ Überraschungscoup:
Mit dem Projekt eines
Hochgeschwindigkeits-
Flugzeuges ließ Boeing
im Jahr 2001 die Öffent-
lichkeit aufhorchen und
trat offen in Konkurrenz
zum europäischen
Flugzeugbauer Airbus.
Foto: Boeing

11. Anhang

Modellnummern der wichtigsten Boeing-Flugzeuge

Modell	Bezeichnung	in Produktion seit	Modell	Bezeichnung	in Produktion seit
1	B&W	1916	299	B-17 Flying Fortress	1935
2	C	1917	307	B.307 Stratoliner	1938
3	C	1917	314	B.314 Clipper	1938
5	C	1918	345	B-29 / B-50 Superfortress	1942
6	B-1	1918	367	C-97 Stratofreighter /	
7	BB-1	1920		Stratotanker	1944
10	GA-1	1921	377	B.377 Stratocruiser	1947
15	PW-9/FB-1	1923	450	B-47 Stratojet	1947
16	DH-4M	1920	464	B-52 Stratofortress	1952
21	NB-1/2	1923	707	B.707	1956
40	B.40	1925	(717)	C-135	1956
80	B.80	1928	717	B.717 (ex MD-95)	1997
99	F4B	1929	720	B.720	1959
102	P-12	1929	727	B.727	1962
200	Monomail	1930	737	B.737	1967
215	B-9	1931	747	B.747	1968
221	Monomail	1930	757	B.757	1983
247	B.247	1933	767	B.767	1983
266	P-26 Peashooter	1934	777	B.777	1994
294	XB-15	1937	953	YC-14	1976

Verkaufszahlen der Boeing-Airliner (Stand Juli 2001)

Modell	Bestellt	Ausgeliefert	Modell	Bestellt	Ausgeliefert
Boeing 707	1010	1010	Boeing 757	1048	972
Boeing 717	136	72	Boeing 767	921	843
Boeing 727	1831	1831	Boeing 777	581	353
Boeing 737	4960	4027	Insgesamt:	11837	10387
Boeing 747	1351	1279			

■ Vom dreisitzigen Flugboot BB-1 entstand im Jahr 1920 nur ein einziges Exemplar. *Foto: via A. Ehlers*

Verkaufspreise der Boeing-Airliner in Millionen Dollar (Stand September 2001)

717-200	35.0 – 39.5	767-200ER	100.0 – 112.0
737-600	40.5 – 49.0	767-300ER	114.5 – 127.5
737-700	46.5 – 55.0	767-300 Freighter	121.5 – 134.0
737-800	57.0 – 64.5	767-400ER	125.5 – 138.5
737-900	60.0 – 68.5	777-200	152.0 – 171.0
747-400	183.0 – 211.0	777-200ER	160.5 – 182.0
747-400 Freighter	185.5 – 214.5	777-200LR	186.0 – 213.5
747-400 Combi	194.0 – 215.0	777-300	177.0 – 203.5
757-200	72.5 – 80.5	777-300ER	201.5 – 231.5
757-300	81.0 – 89.5		

■ Vom Erdkampfflugzeug GA-2 baute Boeing in den 20er-Jahren
zwei Prototypen nach Plänen der Armee. *Foto: via A. Ehlers*

■ Im Jahr 1976 nahm Boeing mit
der YC-14 an der Ausschreibung
für ein mittleres Transportflugzeug
für die Luftwaffe teil, doch die
Regierung stellte das Programm
ein. *Foto: U.S. Air Force*

12. Quellen- und Literatur- verzeichnis

Es gibt Hunderte von Büchern, Heften und Artikeln über die Firma Boeing. Diese Liste enthält nur die wichtigsten Publikationen und zusätzliche Vorschläge zum Weiterlesen, um Näheres über einzelne Typen oder Aspekte der Geschichte des Unternehmens zu erfahren.

A brief history of the Boeing Company, Boeing Archives, Boeing 1999

Aircraft of the National Air and Space Museum, C. M. Oakes, Smithsonian Institution 1976.

Airways – The History of Commercial Aviation in the United States, H. L. Smith, Smithsonian 1991.

Boeing 307 Stratoliner, Boeing Archives, Boeing 1989.

Boeing 367/377, Martin Bach, NARA Verlag 1996.

Boeing 727, Adrian Balch, Airlife 1992.

Boeing 737, Alan J. Wright, Ian Allan 1991.

Boeing 737, David H. Minton, Aero 1990.

Boeing 737, H. Gerresheim, Motorbuch Verlag 1995.

Boeing 747 SP, Brian Baum, World Transport Press 1997.

Boeing 757 and 767, T. Becher, Crowood 1999.

Boeing 757/767/777, Philip Birtles, Ian Allan 1999.

Boeing 777, G. Norris/M. Wagner, Motorbooks 1996.

Boeing Aircraft Cutaways, Badrocke/Gunston, Osprey 1998.

Boeing Aircraft since 1916, P. M. Bowers, Putnam 1989.

Boeing B-17 – 50th Anniversary, Peter M. Bowers, Museum of Flight 1985.

Boeing KC-135, R. S. Hopkins, Aerofax 1997.

Boeing Stratocruiser, Boeing Archives, Boeing 1997.

Boeing Trivia, C. M. Cleveland, CMC 1989.

Boeing, G. Norris/M. Wagner, MBI 1998.

Boeing's Ed Wells, Mary Wells Geer, University of Washington Press 1992.

Classic American Airlines, Geza Szurovy, MBI 2000.

Commercial Aircraft Markings and Profiles, C. Campbell, Hamlyn 1991.

Der Europa-Jet, Harold Mansfield, Zuerl Verlag.

Die Bomber des Westens, B. Gunston, Motorbuch Verlag 1978.

Flight Path – A History of the Boeing Company, Boeing.

Flying – The Golden Years, R. Prior, Tiger Books 1994.

Flying the Boeing Model 80, P. M. Bowers, Museum of Flight 1984.

In Detail & Scale – Boeing 707 & AWACS, A. T. Lloyd, Aero 1987.

Jet Age Test Pilot, Tex Johnston, Smithsonian 1991.

Last of the Flying Clippers – The Boeing 314 Story, M. D. Klaas, 1998.

Lexikon der Luftfahrt, transpress-Verlag 1982.

Modern Boeing Jetliners, Norris/Wagner, MBI 1999.

Modern Civil Aircraft – Boeing 737, A. J. Wright, Ian Allan 1991.

Pan Am – An Airline and its Aircraft, R. E. G. Davies, Orion 1987.

Passagierflugzeuge, Green/Swanborough/Mowinski, Motorbuch Verlag 1988.

Pedigree of Champions, Boeing Archives, Boeing 1997.

Rebels and Reformers of the Airways, R. E. G. Davies, Smithsonian 1987.

The Boeing 247, H. M. Holden, McGraw-Hill 1991.

The Boeing 707, B. J. Schiff, Aero 1982.

The Boeing 727 Scrapbook, L&T Morgan, Aero 1978.

The Boeing Logbook 1916-1991, Boeing Archives, Boeing 1991.

Widebody – The Triumph of the 747, Clive Irving, Hodder & Stoughton 1993.

Wings to the Orient, S. Cohen, PH Publishing 1985.

Year by Year – 75 Years of Boeing History, Boeing Archives, Boeing 1991.

Dank

Ein solches Buch entsteht natürlich nie im Alleingang und jeder Autor benötigt Hilfe und Unterstützung zur Beschaffung von Bildmaterial und Informationen.

Eine vollständige Liste würde den Rahmen dieses Abschnitts sprengen. Stellvertretend für meine vielen Helfer möchte ich folgenden Personen und Institutionen danken, die mich bei meinem Projekt ganz besonders unterstützt haben:

Tom Lubbesmeyer vom Boeing-Archiv in Seattle, Katherine Williams vom Museum of Flight in Seattle, dem Archiv der Deutschen Lufthansa und Mahmood Azodi aus Seattle, der mir bereitwillig Material aus seinem Privatarchiv zur Verfügung stellte. Mein ganz spezieller Dank gilt meiner Lebensgefährtin Ursula Busch, die mir mit ihrer unglaublichen Geduld und so manch gutem Ratschlag zur Seite stand.

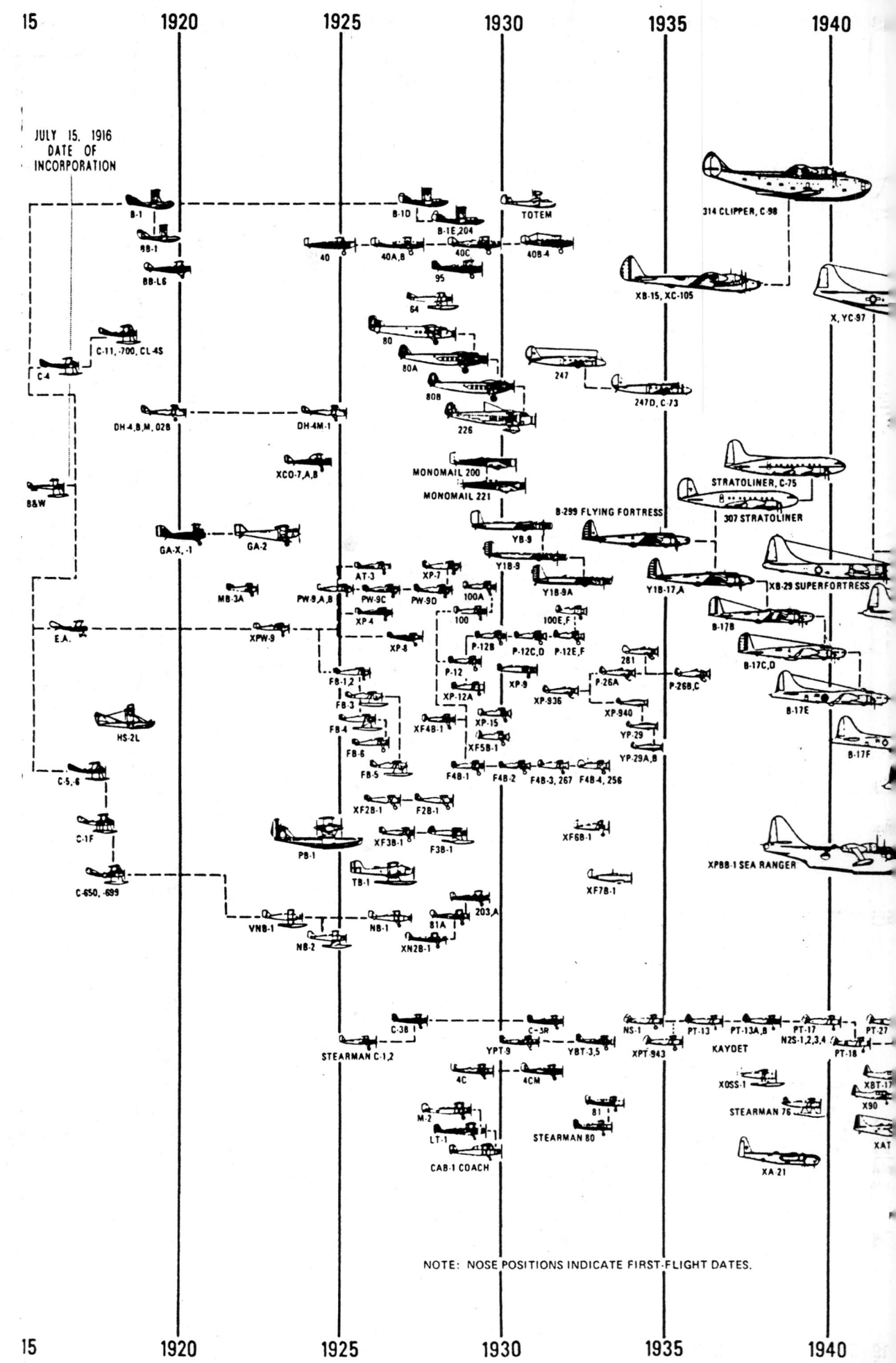

15   1920   1925   1930   1935   1940

JULY 15, 1916
DATE OF
INCORPORATION

B-1
9B-1
BB-L6
C-11, -700, CL-4S
C-4
DH-4,B,M, O2B
DH-4M-1
XCO-7,A,B
B&W
GA-X, -1
GA-2
MB-3A
AT-3
XP-7
PW-9,A,B
PW-9C
PW-9D
100A
XP-4
100
E.A.
XPW-9
XP-8
FB-1,2
P-12
P-12B
P-12C,D
P-12E,F
281
FB-3
XP-12A
XP-9
P-26A
P-26B,C
FB-4
XF4B-1
XP-15
XP-936
XP-940
HS-2L
FB-6
XF5B-1
YP-29
FB-5
F4B-1
F4B-2
F4B-3, 267
F4B-4, 256
YP-29A,B
C-5, -6
C-1F
XF2B-1
F2B-1
XF6B-1
PB-1
XF3B-1
F3B-1
C-650, -699
TB-1
XF7B-1
VNB-1
NB-1
81A
203,A
NB-2
XN2B-1

B-1D
B-1E, 204
TOTEM
40
40A,B
40C
40B-4
95
64
80
80A
247
80B
247D, C-73
226
MONOMAIL 200
MONOMAIL 221
B-299 FLYING FORTRESS
YB-9
Y1B-9
Y1B-9A
Y1B-17,A

314 CLIPPER, C-98
XB-15, XC-105
X, YC-97
STRATOLINER, C-75
307 STRATOLINER
XB-29 SUPERFORTRESS
B-17B
B-17C,D
B-17E
B-17F
XPBB-1 SEA RANGER

C-3B
C-3R
NS-1
PT-13
PT-13A,B
PT-17
PT-27
STEARMAN C-1,2
YPT-9
YBT-3,5
XPT-943
KAYDET
N2S-1,2,3,4
PT-18
4C
4CM
X0SS-1
STEARMAN 76
XBT-17
M-2
81
STEARMAN 80
X90
LT-1
XAT
CAB-1 COACH
XA-21

NOTE: NOSE POSITIONS INDICATE FIRST-FLIGHT DATES.

**Die Entwicklung
der Boeing-Flugzeuge
von 1916 bis 1975.**

Foto: Boeing

15   1920   1925   1930   1935   1940